EIGEL WIESE

GIGANTEN
der Meere

DIE GRÖSSTEN
PASSAGIERSCHIFFE
DER WELT

EIGEL WIESE

GIGANTEN
der Meere

DIE GRÖSSTEN
PASSAGIERSCHIFFE
DER WELT

Koehlers Verlagsgesellschaft mbH
Hamburg

Danksagung

Mein besonderer Dank richtet sich an Professor Peter Tamm, der in großem Umfang Bildmaterial aus seiner Sammlung und den Archiven des Internationalen Maritimen Museums in Hamburg zur Verfügung stellte.
Ebenfalls bedanke ich mich bei Sharam Sadatel, dem Marketing-Communications-Manager im Hamburger Büro der Cunard Line. Er beantwortete unermüdlich Fragen zur Reederei und ihren Schiffen. Außerdem ermöglichte er, an Bord auch in Bereichen zu fotografieren, die nicht allgemein zugänglich sind.

Ein Gesamtverzeichnis der lieferbaren Titel der Verlagsgruppe Koehler/Mittler schicken wir Ihnen gern zu. Senden Sie eine E-Mail mit Ihrer Adresse an: vertrieb@koehler-mittler.de
Sie finden uns auch im Internet unter: www.koehler-mittler.de

Bibliografische Information der Deutschen Nationalbibliothek

Die Deutsche Nationalbibliothek verzeichnet diese Publikation in der Deutschen Nationalbibliografie; detaillierte bibliografische Daten sind im Internet über http://dnb.d-nb.de abrufbar.

ISBN 978-3-7822-0987-8
© 2008 by Koehlers Verlagsgesellschaft mbH, Hamburg
Alle Rechte, insbesondere das der Übersetzung, vorbehalten
Produktion: Anita Krumbügel
Druck und Bindung: DZA Druckerei zu Altenburg GmbH, Altenburg
Printed in Germany

INHALTSVERZEICHNIS

VORWORT

Die größten beweglichen Gegenstände, die von Menschen ersonnen und geschaffen wurden, sind Schiffe. Denn das Wasser trägt sie. Und das Wasser, eigentlich ein Element, das trennt, wird mit Hilfe von Schiffen zu einem Element, das verbindet.

So wie Menschen immer schon über das Wasser zu neuen Ufern aufgebrochen sind, so haben sie auch immer wieder versucht, die Schiffe, die ihnen dies ermöglichten, so groß wie möglich zu bauen. So groß wie möglich ist hier wörtlich gemeint – so groß, wie es ihnen möglich war. Möglich mit ihren jeweiligen technischen Erfahrungen, den Werkstoffen, die sie zur Verfügung hatten und die sie bearbeiten konnten. Ein hölzernes Schiff von 200 oder 300 Meter Länge wäre nach diesem Verständnis nicht möglich.

Es reichte aber nicht, nur große Schiffe zu bauen. Man musste auch Erfahrungen in ihrem Betrieb sammeln. So konnte Isambard Kingdom Brunel zwar ein Schiff bauen, das mit der GREAT EASTERN seiner Zeit um ein halbes Jahrhundert voraus war. Er konnte auch sein gesamtes technisches Wissen einsetzen, damit dieses Schiff in seiner Konstruktion noch heute die Anerkennung von Ingenieuren findet. Aber die Menschen, die es betrieben, mussten erst, auch über Fehlschläge, Erfahrungen sammeln, um mit dieser gigantischen Technik umzugehen.

In diesem Buch möchte ich darstellen, wie viele gute Ideen von Ingenieuren und Schiffbauern verwirklicht wurden, damit Sprünge in der Technik möglich wurden. Und wie kühn jene Seeleute waren, die sich zutrauten, diese Schiffe in Fahrt zu bringen. Ohne ihre Erfahrungen und ihren Mut wäre es nicht möglich, die heutigen Giganten der Passagierschiffe sicher zu betreiben und mit ihnen regelmäßige und komfortable Fahrten zu unternehmen. Diese Seeleute waren Pioniere der Seefahrt, die keineswegs vor der gigantischen Technik kapituliert haben, sondern sich mit ihrem Können als Seeleute der Herausforderung stellten, die Ingenieure ihnen vorgaben. Auch sie haben damit dazu beigetragen, die technische Entwicklung der Schifffahrt voranzutreiben.

Eigel Wiese
Hamburg, im November 2008

Aus Sicherheitsgründen durfte kein Boot der Queen Mary 2 zu nahe kommen, als das Schiff im Jahr 2004 zum ersten Mal Hamburg besuchte. Boote von Küstenwache und Polizei schirmten es ab.

Queen Mary 2 – ein Schiffsgigant erobert die Herzen

So viel Betrieb ist auf der Elbe selten. Höchstens zum Hafengeburtstag drängen sich so viele Barkassen, Schlepper und private Boote auf dem Wasser, aber niemals sonst so früh am Morgen, um kurz vor sechs Uhr an einem verregneten Tag. Da taucht in dem Regenschleier eine Silhouette auf, wird groß, größer, wird so groß, wie es die Elbe noch nie gesehen hat. Selbst die größten Containerschiffe erscheinen klein neben dem Giganten, der sich dort die Elbe hochschiebt. 345 Meter ist das Passagierschiff Queen Mary 2 lang, das längste Passagierschiff, das jemals gebaut wurde. Es übertrifft die Norway, die seit 1961 diesen Titel trug, um knapp 30 Meter. Es übertrifft auch die größten Containerschiffe, die im Jahr 2004 den Hamburger Hafen anlaufen, um rund 50 Meter.

In Hamburg stellt man bildhafte Vergleiche an, um die Größe dieses Schiffes zu verdeutlichen. Mit einer Höhe von 72 Metern, gemessen vom Kiel bis zur Schornsteinspitze, ist die Queen so hoch wie der Blankeneser Süllberg. Wenn man von dort oben auf das Schiff schaut, senkt sich der Blick aber doch ein wenig abwärts, denn das Schiff taucht ja ins Wasser ein, ragt aber immer noch um 61 Meter über der Wasserlinie auf. Der Hamburger Fernsehturm, von den Hanseaten in Anlehnung an die beliebte Hauptkirche auch Telemichel genannt, sähe klein aus, würde man das Schiff aufrecht daneben stellen. Er wäre 65 Meter niedriger als das Schiff.

Dann, in Höhe Blankenese, ertönt das Horn zur Begrüßung. Dreimal lang, das traditionelle Grußsignal in der Seefahrt. Lange hängt der Schall in der Luft, echot zurück vom Blankeneser Treppenviertel, dort sind die Fenster an diesem frühen Morgen hell erleuchtet, stehen Menschen auf den Balkonen und schauen auf das Wasser. Majestätisch zieht das Schiff weiter elbaufwärts, während Tausende von Menschen an den Ufern stehen, dem Giganten mit Barkassen entgegengefahren sind und begeistert fotografieren. Die kleinen Blitze der Kameras versuchen den Giganten aufzuhellen.

Vor Teufelsbrück wiederholt sich das dreifache Schallsignal, auf der Elbchaussee stoppen die Autos, die Fahrer sind ausgestiegen und stehen am Ufer. Strafzettel verteilt an diesem Morgen kein Polizist, die stehen selbst am Ufer und staunen.

Mit einem solchen Andrang hatte niemand gerechnet. Vorsichtige Schätzungen gingen von 100.000 Besuchern aus, ganz Optimistische erwarteten 300.000 Menschen.

Als das Schiff Hamburger Hafengebiet erreichte, fuhr ein Löschboot der Hamburger Feuerwehr voraus und begrüßte den Giganten mit Wasserfontänen.

Die Reisebüros hatten etwas mehr als 10.000 Tickets für Fahrten auf Ausflugsschiffen und Barkassen verkauft.

Doch je näher der Termin rückte, desto mehr schien dieses Schiff Hamburg zum Vibrieren zu bringen. In der Wirtschaftsredaktion des Hamburger Abendblattes, dort wo täglich die »Schiffsmeldungen« bearbeitet werden, nahm von Tag zu Tag die Zahl der Anrufer zu, die wissen wollten, wann genau das Schiff kommt, wo man es am besten sehen kann und ob es auch innen zu besichtigen ist. Doch aus Sicherheitsgründen blieb das Innere der QM 2 den Tagesgästen verwehrt.

Rund um die QUEEN MARY 2 sind Boote der Wasserschutzpolizei, der Küstenwache und der Bundespolizei ausgeschwärmt, sie schirmen das Schiff gegen jedes Wasserfahrzeug ab, das ihm zu nahe kommt, denn der Gigant wäre auch ein spektakuläres Ziel für Terroristen.

In Höhe Einmündung zum Köhlbrand wird es eng. Dort ist die Elbe nur noch 400 Meter breit, das Fahrwasser noch enger. Fahrzeuge kommen sich dort zwangsläufig näher. In einem kleinen, schnellen Schlauchboot sitzen Beamte der Bundespolizei, halten auf einen Schlepper zu und rufen quäkend durch ihr kleines Handmegafon zur Schlepperbrücke hinauf: »Halten Sie Abstand, entfernen Sie sich von dem Schiff!«

Als Antwort röhrt es aus der wattstarken Kommandoanlage des Schleppers zurück: »Wohin denn, du Klookschieter?« Hamburgs Schlepperkapitäne kennen ihren Hafen, sie lösen alltäglich schwierige Situationen, Schiffe sind ihre Welt und ein solcher Gigant wie die QUEEN MARY 2 weckt ihr Interesse, sie haben vor ihm Respekt – aber aus der Ruhe bringt er sie noch lange nicht.

In Höhe Neumühlen spielt dann auch das Wetter mit, der feine Nieselregen hört auf, die tief im Osten stehende Sonne kann sich durch die Wolken kämpfen, sie gibt der Szene eine besondere Stimmung, während Feuerlöschboote ihre Begrüßungsfontänen in den Himmel schießen. Deutlich hebt sich die Silhouette der St.-Michaelis-Kirche, die von den Hamburgern liebevoll Michel genannt wird, aus dem Dunst des Morgens ab. Es ist die Kirche der Seeleute, die schon so viele Schiffe hat einlaufen und auslaufen sehen. Je näher das Schiff den Landungsbrücken kommt, desto mehr Menschen stehen am Ufer, desto mehr Boote fahren dem Giganten entgegen. Rund 300 Boote schätzt die Wasserschutzpolizei. Kapitän Paul Wright auf der Kommandobrücke der QM 2 kann es kaum fassen. Immer wieder dröhnt das mächtige Schiffshorn – einmal zur Begrüßung der vielen Schaulustigen, aber auch, um die Passagiere auf dem eigenen Schiff zu wecken, damit sie dieses Spektakel am frühen Morgen nicht verpassen. Nicht einmal in seinem Heimathafen Southampton ist das Schiff jemals so begeistert begrüßt worden.

Rund um den Hafen geht nichts mehr, der Berufsverkehr in Elbnähe kommt an diesem Morgen zum Erliegen. Busse bleiben im Verkehrsstau stecken, und wer sein Büro dort unten in der Speicherstadt hat, kommt mit viel Verspätung zur Arbeit.

Wann und wer den Spruch als erster brachte, ist heute nicht mehr festzustellen. Jedenfalls macht er irgendwann die Runde angesichts der begeisterten Menschen am Ufer und auf dem Wasser: »They are really mad about Mary.« Er wird bei den Besuchen des Schiffes in den darauffolgenden Jahren noch oft wiederholt.

Dann endlich liegt die QUEEN MARY 2 am Hamburger Kreuzfahrtterminal, Polizeiboote legen Sperrtonnen rund um das Schiff aus. Das Gebäude des Terminals ist erst wenige Wochen alt, als Provisorium aus Containern aufgebaut und mit einem Dach versehen.

Die Schaulustigen am Ufer stehen zwischen Buden und Bühnen, an Land wurde zur Begrüßung ein großer Jahrmarkt aufgebaut und es herrschte ausgelassene Volksfeststimmung. Fast eine halbe Million Menschen kamen zum

Grasbrook, um das Schiff zu sehen. Nicht nur Hamburger. Aus ganz Deutschland waren Besucher an die Elbe gekommen, um die Queen zu begrüßen. Nirgendwo sonst in der Welt war und wird das Schiff so enthusiastisch begrüßt wie in der Hansestadt. Anja Tabarelli, Geschäftsführerin des deutschen Cunard-Büros, das seinen Sitz in Hamburg hat: »Wir waren völlig überrascht, wie begeistert unser Schiff aufgenommen wurde. Mit Hamburg verbindet uns seither eine ganz besondere Beziehung. Das haben wir noch in keinem anderen Hafen der Welt erlebt.« Diese besondere Beziehung hält bis heute.

Nachdem das Schiff im frühen Morgenlicht des nächsten Tages am Hamburg Cruise Center die Leinen losgeworfen und ohne Schlepperhilfe gedreht hatte, nahm es langsam Fahrt auf und zog majestätisch wieder elbabwärts. Die Gäste des Schauspiels sahen ihm wehmütig hinterher, und all diejenigen, die diese beiden Tage verpasst hatten, stellten unablässig die Frage: »Wann kommt die QUEEN wieder?« Geplant war ein solcher Besuch mit Passagieren an der Elbe im darauffolgenden Jahr eigentlich nicht. Das Schiff sollte lediglich im November 2005 zur Werft Blohm + Voss ins Dock kommen, um routinemäßig zwei Jahre nach seiner Indienststellung überholt zu werden.

Auf dem Grasbrook drängten sich die Menschen. Sicherheitszäune hielten sie auf Abstand zum Schiff. Bühnen am Ufer mit Livemusik und Verkaufsstände machten den Besuch der QUEEN zu einem wahren Volksfest mit Tausenden von Besuchern.

Im drei Decks hohen
Britannia-Restaurant mit
seiner Art-déco-Ausstattung
erwarten die Stewards
und Stewardessen die
Gäste zum ersten Dinner
im Hamburger Hafen.
Im Hintergrund ist der
vier mal sieben Meter große
Gobelin zu sehen, den die
niederländische Designerin
Barbara Broekmann extra
für das Schiff entwarf.
Er zeigt die Ankunft der
QUEEN MARY in New York.

Ein wenig Wehmut reist immer mit, wenn die QUEEN MARY 2 nach ihren Hamburg-Besuchen wieder elbabwärts fährt.

Großzügige Treppenaufgänge verbinden die beiden Decks in der Grand Lobby.

Lediglich die QUEEN ELIZABETH 2 stand für 2005 zweimal auf dem Besuchsplan. Aber dieses Schiff erregte in Hamburg auch in der Vergangenheit nur einen Bruchteil der Aufmerksamkeit. Das hatte sich schon am 21. Juli 1972 gezeigt, als es zum erstenmal die Stadt an der Elbe besuchte und an der Überseebrücke festmachte. Die QE 2 war mit 293 Meter Länge zwar das größte Passagierschiff, das bis dahin Hamburg angelaufen hatte, doch die Begrüßung von Seiten der Hamburger blieb kühl. Lediglich einige Tausend Menschen erschienen im Laufe des Tages, um sich das große Schiff anzusehen.

Ein Jahr später, im August 1973, kam die QE 2 zwar schon wieder nach Hamburg, diesmal lockte sie rund 200.000 Menschen in den Hafen, aber jetzt maulten die Hamburger Geschäftsleute. Kaum einer der überwiegend englischen und amerikanischen Schiffsgäste hatte das Schiff verlassen, um in den Geschäften der Innenstadt ein-

zukaufen. Hamburg besaß zu jener Zeit noch keinen besonderen Ruf als Kreuzfahrtziel.

So nahmen die Hamburger in den kommenden Jahren die Besuche von Kreuzfahrtschiffen allgemein nicht sonderlich wichtig. Es waren eben nur einige Schiffe unter vielen.

Und auch die QE 2 nahm Hamburg nicht mehr wichtig. Es sei denn, sie musste zu ihren regelmäßigen Untersuchungen ins Dock. Dann steuerte sie, 1990 und 1994, die Hamburger Werft Blohm + Voss an, die für exakte Arbeit und Termintreue einen guten Ruf hat und mit Dock Elbe 17 außerdem über eines der größten Trockendocks Europas verfügt.

Doch die Begeisterung beim ersten Besuch der QUEEN MARY 2 im Jahr 2004 brachte die Wende. In der Reederei Cunard und in ihrem Hamburger Büro war man davon so beeindruckt, dass man alles daran setzte, diesen Erfolg

Im August 2006 trafen sich in Hamburg das Traumschiff Deutschland *und die* Queen Mary 2. *Der Größenunterschied zwischen den Schiffen war deutlich zu sehen, als das deutsche Schiff wieder auslief und dabei die* Queen *passierte.*

zu wiederholen. Das ging so weit, für das darauffolgende Jahr den Fahrplan des Schiffes zu ändern. Dabei machte die Reederei sich dessen hohe Geschwindigkeit zunutze. Nach einer Norwegenreise, zu deren Abschluss der Kurs ursprünglich vom norwegischen Geirangerfjord kommend über Stavanger direkt zum Heimathafen Southampton führen sollte, errechnete der Kapitän, dem der Hamburger Enthusiasmus ebenfalls unvergessen war, dass er mit seinem schnellen Schiff zusätzlich einen Besuch an der Elbe einplanen konnte. Bei der Crew weckte er damit Begeisterung. Wer immer von der Mannschaft den Namen Hamburg hört und damals dabei war, bekommt noch heute ein Leuchten in die Augen.

Diesmal blieb beim Besuch der QM 2 nichts dem Zufall überlassen. Es gab ein spezielles Magazin für jenen 1. August 2005, das den Tag zum »Queen Mary 2 day« hochstilisierte. Es gab wieder eine Veranstaltungsfläche am Kreuzfahrtcenter mit einem abwechslungsreichen, einem Volksfest ähnlichen Programm, und die Medien der Stadt schürten die Erwartungen. In der gesamten Stadt lief ein umfangreiches Rahmenprogramm, und die Gäste der Queen Mary 2 konnten sicher sein, jubelnd empfangen zu werden. Entlang des Hafens waren sämtliche Aussichtspunkte derart mit Menschen überfüllt, dass die Polizei die schwimmenden Pontons der Landungsbrücken und auch die U-Bahn-Stationen abriegeln musste, um Unfälle im Gedränge zu verhindern. Wieder gab es auf dem Grasbrook Bühnen mit Livemusik, Bierständen und Souvenirs. Die Post verkaufte Andenkenkarten mit Sonderstempel, die bald ausverkauft waren.

In Deutschland waren zu dieser Zeit Sommerferien, und es schien, dass jeder, der im Vorjahr dabei gewesen war, es jetzt nicht erwarten konnte, die Queen Mary 2 wie-

derzusehen. Und wer die Aufregung im Vorjahr verpasst hatte, schien nun erst recht dabei sein zu wollen. Plätze auf Barkassen, die Fahrten zum Ein- und Auslaufen auf der Elbe anboten, waren schon Tage zuvor ausverkauft. Tausende säumten die Ufer, als die QM 2 um kurz vor fünf Uhr morgens die Landungsbrücken passierte, obgleich es zu dieser Zeit noch dunkel war.

Captain Bernard Warner, der inzwischen das Kommando auf der Brücke der Queen Mary 2 übernommen hatte, war nicht minder beeindruckt als im Jahr zuvor sein Kollege Wright.

Ein besonderes Highlight war das Wendemanöver, mit dem die QM 2 auf die Reise elbabwärts vorbereitet wurde. Zur Freude der Besucher an Land drehte Kapitän Warner sein Schiff nicht erst vor dem Auslaufen, sondern legte den Liner gegen Mittag kurz vom Hamburg Cruise Center ab, drehte ihn ohne Schlepperhilfe vor den versammelten Zuschauern publikumswirksam am Grasbrook und legte wieder an.

Nach diesem Hamburgbesuch, nach dem das Schiff in Dunkelheit wieder auslief, wurde es mit einem Feuerwerk verabschiedet. Die Veranstalter bezeichneten es als Hamburgs längstes Feuerwerk, es wurde auf einer Länge von elf Kilometern an verschiedenen Punkten entlang des Ufers abgebrannt. Das Hamburger Abendblatt als größte Tageszeitung der Stadt verkaufte sogenannte Knicklichter, Stäbe, die von selbst leuchteten, wenn man sie knickte. Der Erlös der Aktion floss einem guten Zweck zu. Und so wurden abends entlang des Elbufers überall grünlich schimmernde Stäbe geschwenkt.

Nicht nur die Gäste an Bord waren von dem enthusiastischen Empfang begeistert, den die Menschen in Hamburg ihnen bereiteten, auch die Geschäftsleute, die Veran-

kleine DEUTSCHLAND ist, die mit 175 Meter Länge nur halb so viel Länge aufweisen kann wie die Königin.

Am Abend des 25. August warf die DEUTSCHLAND gegen 18 Uhr zuerst ihre Leinen los und fuhr an der weiter elbabwärts liegenden QUEEN MARY 2 vorbei. Dabei hob sich ihr weißer Rumpf deutlich von dem schwarzen der QUEEN ab und machte so den Größenunterschied deutlich. Als beide Schiffe in Sichtweite zueinander an den Hamburger Landungsbrücken vorbeizogen, ließ die DEUTSCHLAND Hunderte schwarzer, roter und goldener Luftballons aufsteigen, denn für ein Feuerwerk war es an diesem hellen Sommerabend noch zu früh.

Immerhin waren bei diesem zweiten Anlauf innerhalb eines Sommers noch 60.000 Menschen an den Hafen gekommen. Eine unerwartet große Zahl angesichts der Tatsache, dass die QUEEN MARY 2 nun binnen zwei Jahren das sechste Mal die Landungsbrücken passierte.

Auch 2007 kam die QM 2 an die Elbe, diesmal unter dem Kommando von Captain Christopher Rynd.

Am 8. Dezember sollte sich eigentlich die QUEEN ELIZABETH 2 von Hamburg verabschieden, bevor sie nach Dubai fuhr, um dort künftig als Hotelschiff zu liegen.

Für die Gäste auf der DEUTSCHLAND war die Begegnung im Hamburger Hafen ein einmaliges Erlebnis. So nahe kamen sich die beiden Schiffe nie wieder.

Die aufmerksamen Stewards zeigten den Besuchern von der DEUTSCHLAND stolz ihr Schiff.

staltungen an Land teilweise gesponsert hatten, konnten zufrieden sein. Mehr als eine halbe Million Menschen hatte das Spektakel angelockt, damit war der erste Besuch des Schiffs von 2004 sogar noch übertroffen worden. Schätzungen gehen davon aus, dass diese Gäste mehr als 50 Millionen Euro in die Stadt brachten. Das Kundenmagazin der Reederei, »Cunard Aktuell«, schrieb begeistert, »aus der Affäre der Stadt mit der Cunard-Queen ist eine große Liebesgeschichte geworden«.

Im Jahr 2006 standen folglich gleich zwei Besuche in der Hansestadt auf dem Fahrplan. Im Juli kamen immerhin noch rund 200.000 Menschen, um die Königin zu sehen, gut einen Monat später war dann schon ein nächstes Großereignis geplant. Das Flaggschiff der Neustädter Reederei Peter Deilmann, die DEUTSCHLAND, die auch das Traumschiff der gleichnamigen Fernsehreihe ist, und die QUEEN MARY 2 sollten zur gleichen Zeit am Hamburger Kreuzfahrtterminal liegen. Das Motto lautete »Königin trifft Traumschiff«. Auf den Bühnen am Kreuzfahrt-Terminal traten nacheinander sieben Shanty-Chöre auf.

Die Liegezeit nutzten die Kapitäne beider Schiffe, einander kennen zu lernen. Kapitän Hubert Flohr von dem deutschen Schiff und Captain Warner ließen sich durch die jeweiligen Schiffe führen, der Brite zeigte sich beeindruckt, wie gepflegt und gut geführt die vergleichsweise

Der Queens Room ist allabendlich
der gesellschaftliche Treffpunkt
an Bord.

Doch daraus wurde nichts. Die Bordkarten für diejenigen, die sich von dem Schiff verabschieden wollten, waren schon ausgestellt, da kam kurzfristig die Nachricht, »wegen eines Sturmtiefs in der Nordsee kann die Queen Elizabeth 2 Hamburg nicht anlaufen«. Hatte das Schiff den Hamburgern ein letztes Mal ein Schnippchen geschlagen, weil es von ihnen so lange missachtet worden war?

Am 18. Dezember 2007 lief dann die eine Woche zuvor in Dienst gestellte Queen Victoria Hamburg an, um sich vorzustellen. Mit 294 Meter Länge ist sie zwar kleiner als der Publikumsliebling Queen Mary 2, doch sie profitierte von dem Cunard-Bonus, der inzwischen in Hamburg entstanden war, und wieder fanden sich etliche Besucher ein. Aber längst nicht so viele wie beim ersten Anlauf der Queen Mary 2. Bereut hat Anja Tabarelli, Geschäftsführerin des Cunard-Büros in Hamburg, trotzdem nicht, das Schiff schon während seiner Jungfernfahrt nach Hamburg gelockt zu haben: »Nirgendwo auf der Welt werden unsere Schiffe so begeistert empfangen wie an der Elbe. Und ich habe mich bei der Fahrt elbaufwärts gefreut,

wie oft unser Schiff vom Elbufer her angeblitzt wurde, weil die Fans ein Erinnerungsfoto machen wollten. Für uns ist dieser Besuch ein Dankeschön für das große Interesse an unseren Schiffen.«

In Hamburg haben diese Schiffsbesuche viel verändert. Angesichts der Begeisterung der Menschen schicken auch andere Reedereien ihre Schiffe gern nach Hamburg. So ließ Aida Cruises seine Aidadiva im April 2007 vor den Landungsbrücken taufen. Mit einem Feuerwerk und einer Lichtershow, wie es sie noch nie gegeben hatte. Auch die Delphin Voyager erhielt im Mai 2007 ihren Namen im Hamburger Hafen. Reedereien stellen seither auch ihre neuen Schiffe gern in Hamburg vor. Dazu gehören das Expeditionsschiff Fram der norwegischen Hurtigruten sowie der Neubau Eurodam der Holland America Line, der im Sommer 2008, schon zwei Tage nach seiner Taufe, am Grasbrook festmachte.

Inzwischen ist es eine anerkannte Tatsache: Hamburger lieben Kreuzfahrtschiffe. Und die Passagiere von Kreuzfahrtschiffen lieben Hamburg. Da schien es naheliegend,

Die Büste der Queen Mary,
die dem Schiff ihren Namen gab,
steht im Queens Room. Dort wird
abends getanzt.

ihnen ein besonderes Fest zu geben. Erstmals feierte Hamburg alle Traumschiffe im Jahr 2008 mit einer fünf Tage dauernden Veranstaltung, den Hamburg Cruise Days. Vom 30. Juli bis zum 3. August wurde es eng in den Hafenbecken rund um das Kreuzfahrtterminal oder, für die internationalen Gäste ausgedrückt, das Hamburg Cruise Center. Fünf Kreuzfahrtschiffe besuchten an diesen Tagen die Hansestadt. Und zwei Traditionsschiffe rundeten das schöne maritime Bild ab.

Den Auftakt zum großen Fest machte am 30. Juli wiederum das Lieblingsschiff der Hamburger – die QUEEN MARY 2. Der in der Hansestadt bekannte Lichtkünstler Michael Batz hatte an vielen Stellen im Hamburger Hafen Lichtakzente gesetzt, eingeschaltet wurden sie an Deck der QUEEN MARY 2 von dem Lichtkünstler selbst sowie dem Hamburger Finanzsenator Michael Freytag, Kapitän Christopher Wells, Schauspieler Til Schweiger, Tennislegende Boris Becker so-

wie Andreas Hallaschka, Chefredakteur der Zeitschrift »Merian«, die das Lichtspektakel gesponsert hatte.

Nach Angaben der Veranstalter strömten während der fünf Tage dauernden Cruise Days rund eine Million Menschen in den Hafen und an die Elbe. Die Veranstaltung rund um Kreuzfahrtschiffe in Hamburg soll künftig alle zwei Jahre wiederholt werden.

All dies geht zurück auf ein einziges Schiff, das größte Schiff der Welt, das so viel Begeisterung auslöste. Doch nicht allein die Größe faszinierte die Menschen, die Demonstration des technisch Machbaren. Die hatte es in der Vergangenheit des Schiffbaus immer wieder gegeben. Es war auch die Erinnerung der Menschen an die legendäre Zeit der großen Passagierschiffe, die sie anlockte. Und diesem Bild entspricht die QUEEN MARY 2 mehr als manches andere Schiff, auch wenn später noch größere in Dienst gestellt wurden …

Kurz vor den Mahlzeiten versehen Stewards die Mappen der Speisekarten mit den täglich wechselnden Menükarten.

Als die QUEEN MARY 2 Anfang Mai 2006 bei Blohm + Voss eindockte, feierte Hamburg den traditionellen Hafengeburtstag. Das Schiff war eine der größten Attraktionen des Festes.

Der Hamburger Hafen wurde zum heimlichen Heimathafen der QUEEN MARY 2.
Immer wieder beeindruckt das Schiff mit seiner Größe vor der Hamburger Stadtsilhouette.

Das erste Vierschraubenschiff seit Jahrzehnten

Vier solcher Antriebsgondeln (links) hängen unter dem Heck des Schiffes. Damit wurde die QUEEN MARY 2 das erste Vierschraubenschiff, das seit langem wieder auf der französischen Werft Chantiers de l'Atlantique gebaut wurde.

Die Entscheidung für die Größe der QUEEN MARY 2 fiel wegen der hohen Anforderungen, die man an das Schiff stellte, und sie wuchs mit jedem Planungsschritt. Ein Wettlauf um Superlative, so wie es zur großen Zeit der Passagierschiffe um die Wende zum 20. Jahrhundert und noch bis in die 20er Jahre hinein aus Imagegründen üblich war, spielte bei diesem Schiff nur eine geringe Rolle. Auch wenn die außerordentliche Größe der QM 2 später ein wichtiger Werbefaktor wurde.

Als die amerikanische Kreuzfahrt-Gesellschaft Carnival Corporation, das größte Kreuzfahrt-Unternehmen der Welt, im April 1998 von den Geschäftsanteilen der Reederei Cunard 68 Prozent aufkaufte, hatte sie von Anfang an die Absicht, den guten Namen der britischen Reederei mit ihrer langen Geschichte zu nutzen und zu einer Edelmarke auf den Meeren auszubauen.

Carnival Cruise Lines ist Teil der Carnival Corporation und gehört zu den führenden Kreuzfahrtreedereien der Welt. Zur Unternehmensgruppe gehörten zu jener Zeit schon die Holland America Line, Princess Cruises, Costa Cruises und The Yachts of Seabourn. Zusammen mit den Tochtergesellschaften betreibt das Unternehmen weltweit 81 Schiffe.

Nur eine Woche, nachdem der Kauf perfekt war, gab Cunard-Direktor Larry Pimentel bekannt, er wolle einen neuen Superliner in Dienst stellen. Es sollte kein Kreuzfahrtschiff werden, das nur in äußerer Form und innerer Ausstattung an die große Zeit der Transatlantikliner erinnerte, es sollte wirklich einer der letzten Linienschiffe seiner Art werden und mindestens zweimal im Jahr zwischen der Neuen und der Alten Welt hin- und herpendeln. Kreuzfahrtschiffe, die für den Einsatz in der Karibik oder dem Mittelmeer gebaut sind, würden sich dafür nur bedingt eignen.

So begann im Sommer 1998 ein kleines Planungsteam um Stephen Payne, den Hauskonstrukteur von Carnival,

bei Cunard in Southampton, eine Liste der ersten Vorgaben aufzustellen. Payne war von Kind auf von Schiffen begeistert, seit er 1969 als Neunjähriger gemeinsam mit seinen Eltern während eines Besuchstages auf der damals gerade in Dienst gestellten QUEEN ELIZABETH 2 war. Er wuchs in South East London auf, von dort aus war es nicht weit zum National Maritime Museum in Greenwich und seinen begeisternden Exponaten. Payne ließ als Kind möglichst keine der BBC-Sendungen der Sendereihe Blauer Peter aus, die sich mit maritimen Themen beschäftigte. Konsequent wollte er aus seiner Leidenschaft einen Beruf machen und studierte Schiffbau an der Universität von Southampton.

Nach Abschluss des Studiums war er an den Entwürfen von Schiffen für Carnival Cruise Lines beteiligt. So arbeitete er an der Entwicklung der Holiday- und Fantasy-Klasse des Unternehmens mit.

Er stieg zum Projektmanager und später zum Vice President auf mit der Zuständigkeit für Neubauten und technische Planungen.

Mit Begeisterung stürzte sich Stephen Payne auf die Aufgabe, ein neues Schiff für den traditionsreichen Namen Cunard zu entwickeln. Und er überließ nichts dem Zufall. Sein Anspruch war es, ein Schiff zu entwerfen, das zu jeder Jahreszeit und unter Ausnutzung der höchstmöglichen Reisegeschwindigkeit den Nordatlantik überqueren konnte. Um auch die härtesten Wetterbedingungen in Betracht ziehen zu können, wertete er zunächst gemeinsam mit seinem Team die gesammelten Daten von Wettersatelliten der zurückliegenden fünf Jahre aus. Dabei berücksichtigte er nicht nur eine, sondern gleich drei unterschiedliche Routen.

Die Kommandobrücke liegt aus Sicherheitsgründen 40 Meter über dem Meeresspiegel. Sie wurde von der Werft nach dem neuesten Stand der Technik ausgerüstet. Die Brückennock auf jeder Seite wurde später noch verlängert, damit bei Anlegemanövern bessere Sicht möglich ist.

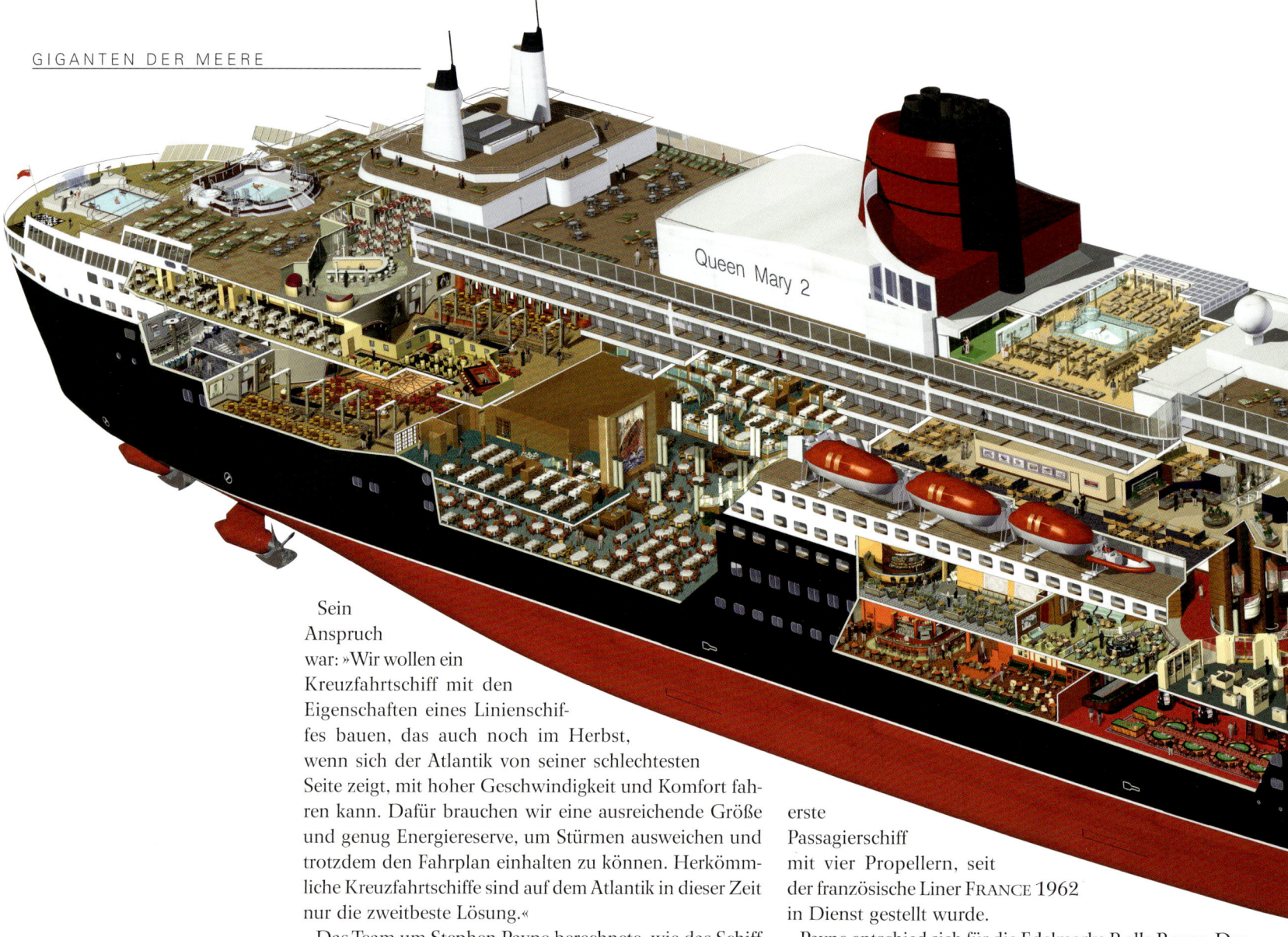

Queen Mary 2

Sein
Anspruch
war: »Wir wollen ein
Kreuzfahrtschiff mit den
Eigenschaften eines Linienschif-
fes bauen, das auch noch im Herbst,
wenn sich der Atlantik von seiner schlechtesten
Seite zeigt, mit hoher Geschwindigkeit und Komfort fahren kann. Dafür brauchen wir eine ausreichende Größe
und genug Energiereserve, um Stürmen ausweichen und
trotzdem den Fahrplan einhalten zu können. Herkömm-
liche Kreuzfahrtschiffe sind auf dem Atlantik in dieser Zeit
nur die zweitbeste Lösung.«

Das Team um Stephen Payne berechnete, wie das Schiff
im Seegang arbeiten würde, wie es sich dabei verwindet
und wie stark die Stahlplatten sein müssen, um all dem
standzuhalten.

Besondere Aufmerksamkeit widmete er dem Maschinenantrieb. Das Schiff sollte sowohl Dieselmaschinen als auch
Gasturbinen haben. Und auch alle Kontrollinstrumente sollten aus Gründen der Sicherheit doppelt vorhanden sein.

Beim Antrieb des Schiffes entschieden sich die Planer
für sogenannte Azipods, das sind außen liegende, um
180 Grad drehbare Gondeln mit elektrisch betriebenen
Propellern, die ihre Energie von der Hauptmaschine des
Schiffes beziehen. Die QUEEN MARY 2 war eines der ersten Passagierschiffe überhaupt, die mit einem solchen
Antrieb ausgestattet wurden. Üblich sind für Schiffe zwei
solcher Gondeln, sie erhielt vier. Zwei davon sind drehbar und zwei fest montiert. Damit wurde sie wieder das

erste
Passagierschiff
mit vier Propellern, seit
der französische Liner FRANCE 1962
in Dienst gestellt wurde.

Payne entschied sich für die Edelmarke Rolls-Royce. Das
Unternehmen nennt seine Antriebsgondeln Mermaids,
Meerjungfrauen, so dass sich dieser Ausdruck an Bord der
QUEEN MARY 2 durchgesetzt hat. Sie beziehen ihre elektrische Energie von einer Hauptmaschine, die Ingenieure
an jeder Stelle im Rumpf aufstellen können. Das ist güns-
tiger für die Gewichtsverteilung und erspart lange Wellen
von der Maschine bis zu den Propellern, die viel Platz be-
anspruchen und außerdem Vibrationen verursachen.

Solche Antriebsgondeln haben weitere Vorteile: Da sie
außen am Rumpf liegen, kann man sie um 180 Grad drehen und macht so das Schiff außergewöhnlich wendig.
Und sie laufen sehr ruhig. Die Passagiere spüren in ihren
Kabinen kaum noch Vibrationen. Bei langsamer Fahrt
oder in den Häfen laufen nur zwei dieser Elektromotoren, beim Auslaufen wird der dritte zugeschaltet und erst
bei Reisegeschwindigkeit der vierte.

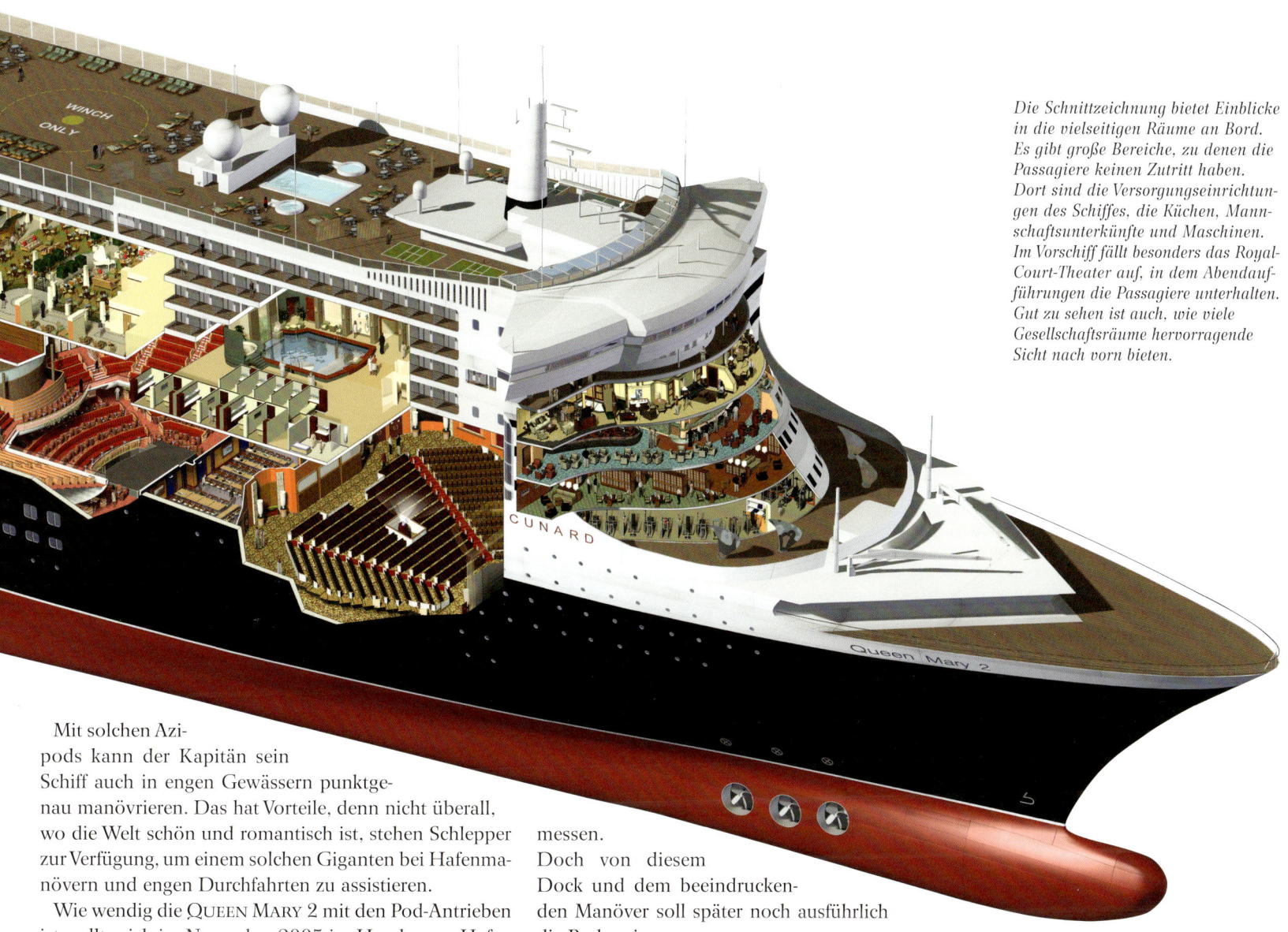

Die Schnittzeichnung bietet Einblicke in die vielseitigen Räume an Bord. Es gibt große Bereiche, zu denen die Passagiere keinen Zutritt haben. Dort sind die Versorgungseinrichtungen des Schiffes, die Küchen, Mannschaftsunterkünfte und Maschinen. Im Vorschiff fällt besonders das Royal-Court-Theater auf, in dem Abendaufführungen die Passagiere unterhalten. Gut zu sehen ist auch, wie viele Gesellschaftsräume hervorragende Sicht nach vorn bieten.

Mit solchen Azipods kann der Kapitän sein Schiff auch in engen Gewässern punktgenau manövrieren. Das hat Vorteile, denn nicht überall, wo die Welt schön und romantisch ist, stehen Schlepper zur Verfügung, um einem solchen Giganten bei Hafenmanövern und engen Durchfahrten zu assistieren.

Wie wendig die QUEEN MARY 2 mit den Pod-Antrieben ist, sollte sich im November 2005 im Hamburger Hafen zeigen. Das königliche Schiff musste zu seiner ersten technischen Inspektion in eines der größten Docks Europas, Elbe 17 von Blohm + Voss. Für das riesige Schiff aber war das Dock, in dem einmal die größten Kriegsschiffe ihrer Zeit gebaut werden sollten, gerade eben ausreichend be-messen.

Doch von diesem Dock und dem beeindrucken-den Manöver soll später noch ausführlich die Rede sein.

Zurück also zu dem Antriebssystem der QM 2. Es besteht aus vier mittelschnell laufenden, auf Gummiblöcken gelagerten Dieselmotoren des finnischen Herstellers Wärtsilä. Sie tragen die Bezeichnung »16 V 46« und offenbaren technisch Versierten damit schon einige Details.

Die Maschinenanlage wird von einer Schaltzentrale aus gesteuert. Von dieser Technik im Hintergrund bekommen die Passagiere nichts zu sehen. Sie genießen die Landausflüge. Das Begrüßungssignal aus drei langen Horntönen kommt aus einem Typhon, das schon auf der ersten QUEEN MARY installiert war.

Sie bestehen aus jeweils 16 Zylindern in V-Anordnung mit 460 Millimeter Kolbenbohrung. Gebaut sind sie in Common-Rail-Technik. Dieser Begriff stammt aus dem Englischen und bedeutet wörtlich übersetzt gemeinsame Schiene. In diesem Verfahren gibt es einen gemeinsamen Kraftstoff-Hochdruckspeicher mit entsprechenden Abgängen zur Versorgung der einzelnen Zylinder mit Kraftstoff, der in die Brennkammern eingespritzt wird. Wasserinjektionen in die Verbrennungskammern sorgen außerdem nach Angaben des Herstellers für fast rauchfreie Abgase. Das ist besonders in skandinavischen und nordamerikanischen Häfen wichtig, wo sehr genau auf niedrige Emissionswerte geachtet wird. Jeder dieser Motorblöcke ist 12,5 Meter lang, 4,4 Meter breit, 5,5 Meter hoch und wiegt 217 Tonnen. Allein diese vier Kraftwerke liefern bei 524 Umdrehungen je Minute über Generatoren eine elektrische Leistung von 67 Megawatt. Zusammen mit den Gasturbinen werden an Bord 1.176 Megawatt produziert – ein solches Kraftwerk könnte mühelos alle Haushalte und Betriebe des Heimathafens Southampton mit seinen mehr als 200.000 Einwohnern mit Energie versorgen. Seine Reisegeschwindigkeit von 25 Knoten erreicht das Schiff schon dann, wenn seine Maschinen nur zu 60 Prozent ihrer Volllast fahren.

Überwacht und gesteuert wird dieses Kraftwerk von einem Leitstand, der demjenigen eines gleich großen Industriebetriebes an Land in seiner Ausstattung und seinen Ausmaßen nicht unähnlich ist.

Nachdem die Anforderungen an das Schiff festgelegt waren, machte sich das Team um Payne auf die Suche nach einer Werft. Traditionell galt es bei Cunard, seine Schiffe auf britischen Werften bauen zu lassen. Doch John Brown am Clyde, der traditionelle Schiffbauer der Cunard-Schiffe, war längst aus dem Geschäft der Passagierschiffe ausgeschieden. Auch andere traditionsreiche Werften auf den Britischen Inseln, sofern sie überhaupt noch existieren, bauen schon längst keine Passagierschiffe mehr. Lediglich Harland & Wolff hat bis zuletzt mitgeboten. Es ist jene Werft, die einst die TITANIC baute. Doch ihr letztes abgeliefertes Kreuzfahrtschiff, die CANBERRA, war schon 1961 in Dienst gestellt worden. Danach hatte das Unternehmen vorwiegend Ölbohrinseln gebaut.

Die Meyer Werft in Papenburg an der Ems ist zwar weit über die Grenzen Deutschlands hinaus für ihre qualitativ hochwertigen Kreuzfahrtschiffe bekannt, doch ihre Lage an dem kleinen Fluss Ems ließ den Bau eines so großen Schiffes nicht zu. Es könnte über den schmalen Fluss nicht ins offene Meer überführt werden.

So erhielt den Bauauftrag schließlich die französische Werft Chantiers de l'Atlantique, die zum Alstom-Konzern gehört. Sie hat ihre Docks im französischen Hafen Saint-Nazaire an der Atlantikküste. Auch diese Werft hat eine lange Tradition, sie baut seit 1861 Schiffe. Dazu gehörten auch Linienschiffe wie die NORMANDIE, die an den Geschwindigkeits-Duellen der 30er Jahre des 20. Jahrhunderts beteiligt waren und die noch heute legendär sind. Es handelte sich um den Wettstreit um das Blaue Band auf den Linien über den Nordatlantik. Doch davon soll später noch erzählt werden.

Noch heute laufen bei der Werft Chantiers de l'Atlantique in jedem Jahr rund fünf große Passagierschiffe vom Stapel, außerdem Frachtschiffe und Fähren. Erfahrung ist also ausreichend vorhanden. Aber Puristen störten sich daran, dass ausgerechnet diejenige Werft für den Bau des

Die Schaltzentrale ist rund um die Uhr besetzt. Dort arbeiten die Schiffsingenieure und kontrollieren das Kraftwerk des Schiffes. Mit Maschinenleitständen zur Mitte des 20. Jahrhunderts (oben) auf der CAP SAN DIEGO haben sie nichts mehr gemeinsam.

Diese Tafeln auf allen Decks erleichtern Passagieren die Orientierung.

Für Arbeiten und Kontrollgänge unmittelbar im Maschinenraum hat jeder Ingenieur seinen Gehörschutz griffbereit.

neuen Stolzes der Reederei Cunard gewählt wurde, die einst Schiffe für die Compagnie Générale Transatlantique gebaut hatte. Das war zur großen Zeit der Ozeanliner Cunards Erzrivale.

Es folgten Arbeitstreffen zwischen den französischen Werftingenieuren und den britischen Designern. An einem dieser Tage trafen sich so viele Schiffbauexperten, dass im Cunard-Büro in London nicht alle Platz fanden. Also suchte man ein Ausweichquartier und tagte schließlich auf dem Kreuzer HMS BELFAST, der noch aus dem Zweiten Weltkrieg stammt und als Museumsschiff am Ufer der Themse, unweit der Tower Bridge, liegt. Maritimer und mit mehr historischem Bewusstsein konnte ein Tagungsort nicht gewählt werden.

Die Vorgaben für die Lebenszeit der QUEEN MARY 2 hatten die Auftraggeber auf 40 Jahre festgesetzt. Angesichts dieses hohen Anspruchs wollte Payne für die Aufbauten kein Aluminium verwenden. Das ist zwar leichter und sorgt deshalb für einen niedrigeren Schiffsschwerpunkt, aber Erfahrungen bei der QUEEN ELIZABETH 2 haben gezeigt, dass Aluminium schneller ermüdet als Stahl. Nach 30 Dienstjahren auf dem Schiff hatten sich an Stel-

len, die im Seegang stark belastet waren, wie etwa den Fensteröffnungen, Risse gezeigt. Außerdem ist es bei Reparaturen schwieriger, Aluminium zu reparieren als Stahl, denn es kann nicht geschweißt werden.

Weitere Erfahrungen aus dem Betrieb der QE 2 flossen in die Überlegungen ein. Deren Brücke liegt 35 Meter über dem Wasserspiegel. Das erscheint zwar als eine beachtliche Höhe. Trotzdem aber trafen am 11. September 1995 mitten auf dem Nordatlantik kurz vor vier Uhr morgens kurz hintereinander zwei Monsterwellen das Schiff. Sie zerschlugen Fenster, fegten einen Teil der Decksausrüstung über Bord und die Wassermassen machten elektronische Instrumente unbrauchbar.

Die Planer erinnerten sich auch daran, dass im Frühjahr 1966 eine ähnliche Monsterwelle den italienischen Liner MICHELANGELO getroffen hatte. Die Wassermassen hatten Fenster durchschlagen und auf ihrem zerstörerischen Weg durch das Schiff drei Menschen getötet.

Payne überschätzte das Meer also keineswegs, wenn er forderte, die Kommandobrücke noch fünf Meter höher zu legen, also auf 40 Meter. Außerdem zeichneten die Ingenieure einen wulstförmigen Bug und sahen auf dem Vordeck noch einen spitz zulaufenden Wellenbrecher vor, um die Kraft des Wassers zu brechen.

Die hohe Lage der Brücke hat einen weiteren Vorteil – durch die große Fensterfront können die Wachhabenden 24 Kilometer weit voraus schauen. Schiffe und Land sind sogar aus noch größerer Entfernung zu sehen.

Zunächst musste sich das fünf Meter lange Rumpfmodell im Januar 2001 bei Schleppversuchen in einem niederländischen Institut in einem 180 Meter langen Versuchsbecken bewähren. Die Tests lieferten beruhigende Ergebnisse. Sie ließen erwarten, dass auch bei einem Hurrikan mit zwölf Meter hohen Wellen bei einer Fahrt von 18 Knoten keine Wellen die Aufbauten erreichen. Die Form von Rumpf und Wellenbrecher sorgte zudem dafür, dass anlaufene Wassermassen möglichst schnell und weit vom Rumpf zurückgeworfen werden. In schwerer See schien das Schiff Wasser wie einen Fächer beiseite zu drücken.

Da drei Viertel aller Kabinen des fertigen Schiffes einen eigenen Balkon haben sollten, müssten auch diese gegen anlaufende Monsterwellen geschützt werden.

Derselbe Schutz galt auch für die Rettungsboote. Payne und sein Team planten deshalb, sie 28 Meter über der Wasserlinie anzubrin-

gen. Doch diese Idee kollidierte mit den Bauvorschriften, die eine maximale Höhe von 15 Meter vorsahen, damit die Boote im Ernstfall schnell genug abgefiert werden können. Immerhin müssen alle Passagiere innerhalb von 60 Minuten ein havariertes Schiff verlassen können. Doch im Extremfall einer Monsterwelle auf dem Nordatlantik bestünde bei Einhaltung dieser Vorschrift Gefahr, dass dann alle Boote einer Reihe fortgerissen werden würden.

Daher erhielt Cunard eine Ausnahmegenehmigung und durfte somit die Rettungsboote außerhalb der Reichweite auch höchster Wellen anbringen.

Bei all diesen Überlegungen wuchs die Schiffsgröße Stück für Stück. Ursprünglich hatte man ein Schiff mit einer Bruttoraumzahl (BRZ) von etwa 85.000 geplant, doch für jede weitere Überlegung wurde diese Vorstellung überschritten. Die Planer mussten also überlegen, welche Häfen die Queen Mary 2 überhaupt anlaufen sollte. So begrenzten schließlich die Maße des Wendebeckens im Heimathafen Southampton und die Verrazano Narrows Bridge vor dem Hafen von New York das Größenwachstum auf den Planungscomputern. Die Planungen pendelten sich schließlich auf die Größe von 148.528 BRZ ein.

Doch Payne bezog nicht nur technische Überlegungen mit ein. Als Designer war ihm auch wichtig, dass dieses neue Schiff auf den ersten Blick als typisches Cunard-Schiff identifiziert wurde. So brachte er einige klassische Stilelemente in die neue Formgebung mit ein. Die Vorderkante der Aufbauten bei der ursprünglichen Queen Mary war leicht vorgewölbt, darüber erhob sich die Brücke, von der zu beiden Seiten eine Nock über die Rumpfkante hinausragte. Nach diesem Vorbild gestaltete Payne auch die Brückenfront bei dem Neubau. Selbstverständlich sollte sich auch die typische Farbgebung mit rotem Unterwasserschiff, schwarzem Rumpf, weißen Aufbauten und rotem Schornstein wiederfinden. Aus Gründen der Proportion wollte Payne den Schornstein eigentlich etwas höher über das Schiff aufragen lassen. Doch dann musste er einen Kompromiss machen – mit einem so hohen Schlot hätte das Schiff etliche Häfen der Erde wegen der davor liegenden Brücken nicht mehr anlaufen können.

Im Januar 2001 setzten Kräne das erste Segment für die Baunummer G32, das 110. Passagierschiff der Werft Chantiers de l'Atlantique, im Baudock ab. Zur gleichen Zeit gab die Reederei bekannt, unter wessen Kommando das neue Schiff zuerst stehen sollte. Die Wahl fiel auf Ronald Warwick, zu jener Zeit Kapitän der Queen Elizabeth 2 und seit 31 Jahren im Dienst der Reederei Cunard.

Nach der Segnung durch einen Geistlichen wurden zwei Münzen im Kiel des Schiffes eingeschweißt: eine Fünf-Pfund-Gedenkmünze der britischen Königin sowie eine 100-Franc-Münze, die das Konstrukteursland Frankreich repräsentierte.

Die Zeremonie erinnerte an jene Zeiten, in denen noch der Kiel eines Schiffes auf den Helgen gestreckt wurde. Heute jedoch werden die einzelnen Bauteile eines Schiffes, ganze Segmente, in Hallen zusammengeschweißt, von Werftkränen ins Dock gehoben und dort zusammengeschweißt.

Diese Bauweise hat Vorteile: In einer Halle können die Werftmitarbeiter unabhängig vom Wetter arbeiten und die jeweils rund 16 Meter langen Segmente drehen – auch wenn einzelne von ihnen bis zu 200 Tonnen schwer sind. So aber braucht keiner der Schweißer über Kopf zu arbeiten, um seine Nähte zu ziehen. Er kann statt dessen stets von oben nach unten arbeiten, was der Qualität seiner Arbeit zugute kommt.

Stück für Stück lagen diese Segmente neben dem Baudock und wurden dann mit Kränen an ihre richtige Position gehoben. Dazwischen lagerte all das, was man schon in dieser Phase in den Rumpf einbauen konnte. Denn noch war ausreichend Platz im Rumpf und viele später verschlossene Räume frei zugänglich. Enge Öffnungen erschwerten erst später die Arbeiten.

Auf der Brücke klebt eine britische Flagge und daneben ein Modell der MAURETANIA. Bei Atlantiküberquerungen wird es jeden Tag verschoben, damit es zeitgleich am anderen Ende ankommt. Dort klebt eine US-Flagge.

Kapitän Christopher Rynd wurde in Neuseeland geboren. 2006 fuhr er zum ersten Mal auf der QUEEN ELIZABETH 2, kurze Zeit später übernahm er das Kommando auf der QUEEN MARY 2.

*Zur Planung des Schiffes gehörte
auch die Einrichtung der Küche.
In ihr müssen reibungslose Abläufe
garantiert sein, damit die Gäste
in den Restaurants ihre Mahlzeiten
unbeschwert genießen können.*

Zu diesen großen Teilen gehörten die vier Dieselmaschinen, die den Strom für den Antrieb liefern. Außerdem sechs Kühlaggregate für die Klimaanlagen an Bord und drei Motoren für die Bugstrahlruder. Dazu gehörten aber beispielsweise auch die 1.310 vorgefertigten Kabinen, die voll eingerichtet und ausgestattet in den Rumpf gehoben wurden.

So wuchs die Baunummer G32 Stück für Stück, die Schiffbauer verarbeiteten 34.000 Tonnen Stahl. Das hätte ausgereicht, um fünf Eiffeltürme zu errichten. An dem Rumpf waren bis zu 4.200 Spezialisten tätig, das ist rund ein Drittel der Werftbelegschaft. Überprüft wurde die Arbeit von 25 Inspektoren der Reederei, die jeden Bauabschnitt sorgfältig unter Kontrolle nahmen.

Eine dieser Männer war der Ingenieur Philippe Magaldi. Sein Job war es, alle Arbeiten zu koordinieren. Er musste mit seinem Team im Blick haben, ob die Segmente in der richtigen Reihenfolge eingesetzt und Decks erst dann aufgeschweißt werden, wenn alle sperrigen Teile in den Rumpf eingebaut wurden.

Während dieser Zeit war der Öffentlichkeit noch immer nicht bekannt, wie der neue Ozeanliner heißen wird. Auf den Plänen stand zwar der vorläufige Name »Projekt Queen Mary« und damit hatte die Reederei sich rechtlich Namenansprüche reserviert. Doch maritime Experten schlossen auch nicht aus, dass man für ein so außergewöhnliches Schiff einen traditionellen Cunard-Namen nehmen würde. Als Favorit galt dabei BRITANNIA. So hatte vor vielen Jahren einmal das erste Dampfschiff von Cunard geheißen. Den Namen trug zwar auch lange Zeit die königliche Yacht, doch die war 1997 außer Dienst gestellt worden. Eine Namenskonkurrenz mit dem Königshaus war also nicht mehr zu befürchten.

Am 16. März 2003 vibrierte auf der Werft die Luft. Zum ersten Mal ertönte das Schiffshorn. Es war aus der alten QUEEN MARY an ihrem Liegeplatz in Long Island ausgebaut und auf der Nachfolgerin installiert worden. Der Ton ist keinesfalls unangenehm, aber trotzdem so laut, dass er 18 Kilometer weit zu hören ist.

Im Herbst 2003 war das Schiff äußerlich so weit fertig, dass mit dem Innenausbau begonnen werden konnte. Die Zeit der Stahlarbeiter war zu Ende, nun kamen Tischler, Glaser, Elektriker und Installateure an Bord. Die QUEEN MARY 2 hat alles, was heute zu einem Kreuzfahrtschiff gehört. Mehrere Restaurants, Schwimmbäder, Kasinos. Vieles davon ist der Größe des Schiffes entsprechend dimensioniert. Es gibt den größten Weinkeller zur See und die umfangreichste Bibliothek, die 8.000 Bände umfasst und damit größer ist als diejenige der QUEEN ELIZABETH 2, die bis dahin als die größte auf dem Wasser zählte.

Ein großes Schiff bedeutet aber nicht nur, dass mehr Passagiere an Bord kommen können, jeder einzelne von ihnen hat auch mehr Platz zur Verfügung als auf anderen Passagierschiffen. Rechnet man die Bruttoraumzahl (BRZ) auf die Zahl der Passagiere um, dann stehen jedem 257,25 BRZ zur Verfügung. Auf der QE 2 waren es 39,60 BRZ. Das Platzangebot zeigt sich an den Details. Das Promenadendeck ist so breit, dass trotz der aufgestellten Liegestühle noch mehrere Menschen nebeneinander flanieren können.

In gekühlten Vorratsräumen, die auf exakte Temperaturen für die jeweiligen Lebensmittel gebracht wurden, lagern die Vorräte an Fleisch und Gemüse. Sie werden erst kurz vor der Zubereitung auf Küchentemperatur gebracht.

Ein Kreuzfahrtschiff mit hohem Anspruch zu planen, darf nicht nur die Sicherheit und die Arbeitsbedingungen für die Schiffsführung berücksichtigen. Besonders die Gäste wollen sich an Bord wohl fühlen.

Das Britannia-Restaurant achtern, unterhalb des Schornsteins, bietet beispielsweise 1.351 Plätze. Auch bei dieser großen Zahl wollen Passagiere nicht lange auf ihre bestellten Gänge warten müssen. Die Stewards brauchen also kurze Wege von der Küche bis an die Tische, an denen sie sich nicht gegenseitig blockieren. Sie brauchen ein zuverlässiges und übersichtliches System, damit die Köche rechtzeitig erfahren, was die Gäste geordert haben, welche Speisen als nächstes vorbereitet werden können, welche in Kürze benötigt werden und was bereits serviert wurde. Auf der QUEEN MARY 2 schafft das ein Computersystem mit großem Bildschirm, der allen Beteiligten zeigt, wie der Stand der einzelnen Bestellungen abgearbeitet wurde.

Als intime Restaurants an Bord gelten der Queen's Grill mit 206 Plätzen und der Princess Grill mit 176 Plätzen. Für diese beiden Restaurants der Spitzenklasse wurde extra ein exklusives Wedgwood-Porzellan entworfen.

Nach dem Dinner haben die Gäste die Wahl. Ihnen steht der G-32-Nachtclub mit seiner Tanzfläche zur Verfügung, das Casino für Glücksspiele oder das mehr als 1.100 Zuschauer fassende Royal Court Theatre mit seinen Aufführungen. Besondere Aufmerksamkeit verlangte die Einrichtung des 800 Besucher fassenden Planetariums. Die Systeme zur Darstellung der Gestirne sind 13 Meter lang und wiegen vier Tonnen. Auch sie wurden eingebaut, solange der Rumpf und die Aufbauten noch offen vor den Schiffbauern lagen. Im fertigen Schiff hätte es keine Möglichkeit mehr gegeben, deren Lage zu justieren.

Besondere Aufmerksamkeit widmeten die Innenarchitekten der Ausstattung der Kabinen. Die kleinste von ihnen ist 18 Quadratmeter groß, ausgestattet mit hellen Hölzern und dazu passenden Stoffen. Die großen Luxusappartements haben 209 Quadratmeter Wohnfläche, sie verfügen über einen eigenen Aufzug, begehbare Kleiderschränke mit eigener Klimaanlage und einem großzügig bemessenen Balkon. Die Details der Ausstattung sind durchdacht. So werden die Spiegel in den Badezimmern beheizt, damit sie auch nach einem Bad im Whirlpool nicht beschlagen.

Wichtig war auch die künstlerische Ausstattung des Schiffes. Sie kostete fünf Millionen Dollar. Dafür kauften Sachverständige 1.245 Originale, 22 Grafikeditionen und 3.453 Drucke von 128 Künstlern oder gaben sie sogar speziell für das Schiff in Auftrag.

Aber auch Stücke aus der Geschichte der Reederei Cunard finden an Bord ihren Platz. So wie der silberne Pokal, den Bürger der Stadt Boston 1840 dem Kapitän der BRITANNIA überreichten und der 35 Jahre auf der QM 2 stand. Dazu gehört auch ein dreieinhalb Meter langes Modell der QUEEN MARY 2 in einer Glasvitrine des Commodore Clubs. Im Gang am Auditorium erinnern Schautafeln und Fotos an die Vergangenheit Cunards.

Am 25. September 2003 war das Schiff so weit fertig, dass die Probefahrten beginnen konnten. Nun musste sich im harten Seebetrieb zeigen, ob wirklich alles so funktioniert, wie vorgesehen. Es war die Stunde des Kapitäns Ronald Warwick. Schon sein Vater war Cunard-Kapitän, er führte die QUEEN ELIZABETH 2. Der junge Warwick machte mit 27 Jahren sein Kapitänspatent und kam 1971 zur Reederei Cunard. Einen einzigen Tag hat er mit seinem Vater gemeinsam auf demselben Schiff gearbeitet. Es war im April 1972, als die QUEEN ELIZABETH 2 im Trockendock lag, Warwick junior seinen Dienst antrat und der Senior in den Urlaub ging.

Als Ronald Warwick sich 1990 zum Kapitän der QUEEN ELIZABETH 2 hochgearbeitet hatte, glaubte er den Höhepunkt seiner Karriere erreicht zu haben. Was hatte die maritime Welt sonst noch zu bieten? Doch als die QUEEN MARY 2 geplant wurde, sah die Reederei Warwick von Anfang an als Kapitän vor. Er selbst bereitete sich akribisch auf diese neue Aufgabe vor, denn ihn würde eine völlig neue Navigationstechnik erwarten. Bei diesem Schiff wirkt keine Schraube auf ein Ruderblatt, das von einem Steuerrad gelenkt wird, so wie es Seeleute seit Generationen kennen. Auf der QUEEN MARY 2 erwarten den Nautiker ein Joystick und die bereits beschriebenen Azipod-Antriebe. Die bieten zwar einige Vorteile, aber auch ein erfahrener Kapitän muss erst einmal lernen, mit ihnen umzugehen. So tastete sich Warwick in einem eigens programmierten Simulator Schritt für Schritt an die neue Technik, aber auch an die großen Dimensionen des neuen Schiffes heran. Er fuhr Wendemanöver, beschleunigte bis zur Höchstgeschwindigkeit und stoppte auf.

Nach dem 25. September 2003 wurde aus diesen risikolosen Computerspielen Ernst. Von der Werft aus nahm der Neubau Kurs nach Süden, steuerte die Biskaya an, die für raue Seeverhältnisse bekannt ist. An Bord war nur eine kleine Besatzung aus Nautikern und Technikern, Vertretern der Reederei und der Werft. Das Wetter spielte bei diesen Probefahrten mit, als wüsste es, worauf es ankommt. Die Biskaya wurde von Tag zu Tag winterlicher, der Seegang heftiger.

Die Techniker maßen, ob die garantierte Maschinenleistung erfüllt wurde, wie hoch der Treibstoffverbrauch ist, ob sich das Schiff gut manövrieren lässt. Aber es ging auch

Zu einem stilvollen Ambiente an Bord mit ausgesuchten Kunstwerken gehört es auch, Speisen stilvoll zu präsentieren. Auch dann, wenn es während einer lauen Nacht an Deck ist.

um Dinge, die wenig mit Nautik zu tun haben – das Funktionieren aller Kühlanlagen für die Lebensmittel, die Leistungsfähigkeit der Klimaanlagen in den Kabinen und Temperatur in den Saunen.

Kapitän Warwick begeisterte sich während dieser Tests immer mehr für die Pod-Antriebe, die er bisher nur aus dem Simulator kannte und die er nun erstmals in der Praxis ausprobieren konnte. Er konnte damit auch die kompliziertesten Manöver in Häfen ohne Schlepperhilfe fahren. Sein Kollege Warner würde dies später in Hamburg beim Eindocken seines Schiffes auf engstem Raum unter Beweis stellen. Mitte November waren die Tests abgeschlossen, das Schiff kehrte in die französische Werft zurück.

Das Gepäck der Passagiere wird beim Einchecken abgenommen und bis zur Kabinentür gebracht. Dahinter steckt ein hoher logistischer Aufwand.

Am 15. November bot die Werft den vielen Menschen, die am Bau der QUEEN MARY 2 beteiligt waren, mit ihren Familien Gelegenheit, das größte Schiff der Welt von innen und außen zu besichtigen. Der Andrang war groß, so groß, dass eine zehn Meter lange Gangway unter dem Gewicht der ersten Besuchergruppe zusammenbrach und 50 Menschen 20 Meter weit mit in die Tiefe riss. 28 Besucher wurden verletzt, 15 fanden den Tod. Es war der schwerste Unfall in der Geschichte der Werft.

Die Medien griffen den Unfall begierig auf, stellten in großen Schlagzeilen die Frage, ob die QUEEN MARY 2 ein Unglücksschiff ist, wie schon so manches gigantische Schiff zuvor.

Als die QM 2 am 22. Dezember 2003 die Werft verließ, war es kein triumphialer Abschied, wie es bei der Indienststellung von Neubauten üblich ist. Menschen standen still mit Lichterketten und Kerzen am Ufer und schauten dem Schiff hinterher, als es die Loire abwärts fuhr und Kurs auf seinen Heimathafen Southampton nahm.

Am 26. Dezember 2003 legte die QUEEN MARY 2 erstmals am Queen-Elizabeth-2-Kreuzfahrtterminal in Southampton an. Dort musste sie sich strengen Sicherheitskontrollen von Spezialeinheiten unterziehen. Immerhin würde wenige Tage später Königin Elizabeth II. als Taufpatin an Bord kommen. So stiegen sogar Marinetaucher in ihre wasserdichten Monturen und suchten das Unterwasserschiff nach eventuell angebrachten Sprengsätzen ab.

Der große Augenblick der Taufe war der 8. Januar 2004. Die Königin hatte zu diesem Zeitpunkt bereits zweimal Cunardliner getauft – 1947, noch als Prinzessin, die CARONIA und 1967 die QUEEN ELIZABETH 2.

Die an einem Kran hängende Champagnerflasche löste die Majestät mit einem Knopfdruck aus, sie zerplatzte sofort, was als gutes Omen gilt; ein Orchester intonierte die Ode an die Freude aus Beethovens Neunter Symphonie und ein Feuerwerk stieg in den Himmel.

Das größte Passagierschiff der Welt war endlich bereit, seinen Dienst anzutreten.

Der begann am 12. Januar 2004 mit der Jungfernfahrt von Southampton aus. Die Reise war bereits Monate zuvor ausgebucht.

Der Kurs der Jungfernfahrt führte zunächst zur französischen Küste, dann über Madeira, die Kanaren in die Karibik, nach Barbados und St. Thomas nach Fort Lauderdale in Florida. Puristen zeigten sich enttäuscht, dass diese erste Fahrt keine klassische Atlantiküberquerung von Southampton nach New York war.

Noch am ersten Tag der Jungfernreise zeigte sich der Atlantik von seiner gefährlichsten Seite. Für Südengland wurde eine Orkanwarnung gesendet, die Böen erreichten in Spitzen 160 Stundenkilometer, die Wellen türmten sich zehn Meter hoch. Doch die QUEEN MARY 2 verließ pünktlich den Hafen und bewies in den kommenden Tagen, dass ein solches Wetter, wie von den Konstrukteuren vorgesehen, ihr tatsächlich nichts anhaben kann. Eine moderne Legende begann ihren Weg.

Cunard –
der lange Weg zur Traditionsreederei

Während des Goldenen Zeitalters der Passagierschiffe lieferten sich die großen Reedereien der Alten und Neuen Welt mit ihren Linien über den Atlantik einen erbitterten Wettstreit um Pünktlichkeit, Zuverlässigkeit und Sicherheit ihrer Schiffe. Er mündete schließlich in einen Wettkampf, in dem es nur noch um Größe und Schnelligkeit ging. Große und komfortable Schiffe in Dienst zu stellen, hieß nicht nur Passagiere anzulocken, sondern zeigte auch die Leistungsfähigkeit der Schiffbauindustrie einer Nation und demonstrierte so ihre gesamte technische und wirtschaftliche Leistungsfähigkeit. Ganze Nationen waren folglich stolz, wenn Schiffe ihrer Reedereien Rekorde brachen, ganz gleich, ob es dabei um Größe oder Schnelligkeit ging. In Großbritannien gehörte die Cunard Line zu den großen und erfolgreichen Unternehmen, in Deutschland waren es später die Hapag in Hamburg und der Norddeutsche Lloyd in Bremen, in Frankreich die Compagnie Générale Transatlantique (CGT).

Die Cunard Line hat diese Phase der Linienschifffahrt stark mitgeprägt. Die heute noch bestehende Reederei ist nach ihrem Firmengründer Samuel Cunard benannt, der am 21. November 1787 geboren wurde in einem ärmlichen Haus, unweit von Halifax Harbor. Das ist ein natürlicher und eisfreier Hafen an der Küste Neuschottlands in Kanada. Dort erlag der Junge schon früh der Faszination der Seefahrt. Kein Wunder, lagen in diesem Hafen doch große Handelssegler mit Waren aus aller Welt, zudem Walfänger, Fischereischiffe, die von den Neufundlandbänken zurückgekehrt waren und manchmal sogar Freibeuter, die ein gekapertes französisches Schiff im Schlepptau hatten.

Die Linie der Familie Cunard lässt sich bis zu dem Deutschen Thones Kunder zurückverfolgen, der 1683 in Pennsylvania eingewandert ist und sich mit seiner Ehefrau Lentgen und vier Kindern in der Stadt Germantown niedergelassen hatte. Er gehörte zur ersten geschlossenen Gruppe deutscher Auswanderer, 13 Familien aus Krefeld, die auf der Galeone Concord ins Land gekommen war.

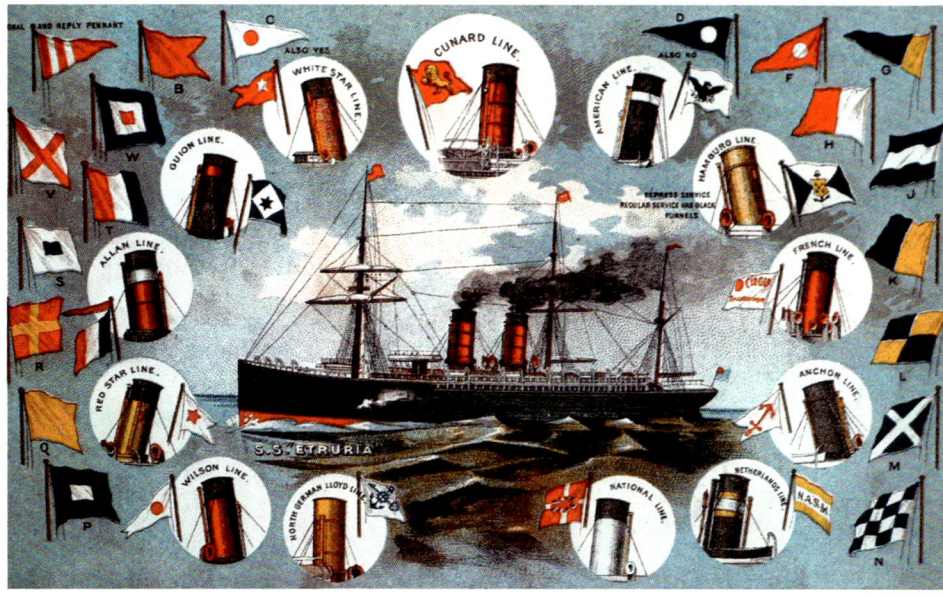

Kunders Urenkel Abraham hatte schon erfolgreich eine Reederei gegründet. Der Deutsche fühlte jedoch mittlerweile so britisch, dass er nach der amerikanischen Unabhängigkeitserklärung von 1787 Loyalität mit der britischen Nation zeigte. Die jungen USA wollten solche Illoyalität nicht dulden und enteigneten ihn. Als Reaktion siedelte Kunder mit seiner Familie nach Kanada über, das weiterhin britische Kolonie blieb, änderte seinen Namen in Cunard und ließ sich in Halifax nieder. Im selben Jahr wurde sein Sohn Samuel geboren.

Der junge Cunard bewies schon als Schüler Geschäftssinn, er pflückte Löwenzahn, mit dem er hausieren ging, außerdem hatte er dabei Kaffee und Tee im Angebot, verdiente zusätzlich noch Geld mit Botengängen und indem er Briefe zustellte. In der Schule galt er als guter Rechner, für andere Fächer interessierte er sich weniger.

1808 gründete sein Vater Abraham erneut eine Reederei, der er den Namen A. Cunard & Son gab. Als der Va-

Dieses Plakat zeigt die Flaggen und Schornsteinmarken der bedeutenden Reedereien gegen Ende des 19. Jahrhunderts. Cunard präsentiert sich selbstbewusst in der Mitte.

ter sich 1820 zur Ruhe setzte, übernahm der Sohn das Unternehmen und benannte es S. Cunard & Company.

Cunard heiratete Susan Duffus, die Tochter eines Mannes, der im Englisch-Amerikanischen Krieg von 1812 ein Vermögen mit der Herstellung von Militär- und Marineuniformen gemacht hatte. Für seine Familie errichtete er ein vierstöckiges Haus mit Aussicht auf den Ladeplatz seiner Schiffe. Die armselige kleine Hütte, in der er geboren worden war, riss er nicht ab, sondern baute sie zur Unterkunft für die Dienerschaft aus.

Nach dem Kriege investierte Cunard erfolgreich in weitere gewinnbringende Geschäfte. Im Alter von 50 Jahren war er mehrfacher Millionär und Vater von sieben Töchtern und zwei Söhnen. Mit ihnen ging er jeden Sonntag in die St.-Georgs-Kirche von Halifax und nahm in der ersten Bankreihe Platz.

Vom Nutzen der Dampfkraft war Samuel Cunard schon früh überzeugt, er glaubte, gut gebaute und bemannte Dampfschiffe könnten auf ihren Linien so pünktlich sein wie Eisenbahnzüge auf dem Land.

Nachdem das kanadische Dampfschiff ROYAL WILLIAM am 27. April 1831 von Quebec aus zu einer ersten erfolgreichen Überquerung des Atlantiks gestartet war, fühlte Cunard sich bestätigt. Er beobachtete die Entwicklung weiter und sah, dass nach und nach weitere Dampfschiffe für den Überseedienst gebaut wurden. Eines davon, die GREAT WESTERN, fuhr zwischen Bristol und New York, sie wurde von der britischen Eisenbahngesellschaft gleichen Namens betrieben und hielt einen regelmäßigen Fahrplan ein. Cunards Vision hatte sich ohne sein Zutun erfüllt. Das ließ dem Mann keine Ruhe.

Das traditionsreiche Wappen der Reederei findet sich auch heute noch an vielen Stellen auf Cunard-Schiffen.

Das Porträt des Reeders Samuel Cunard wurde aus Abbildungen von Schiffen des Unternehmens zusammengesetzt. Es hängt auf der QUEEN MARY 2.

Als die britische Admiralität per Inserat einen Unternehmer suchte, der nach einem monatlichen Fahrplan die Post auf einem Dampfschiff über den Atlantik befördern könnte, reiste Cunard im Januar 1839 nach London. Er mietete ein Büro in Piccadilly und schrieb an die Lords der Admiralität: »Ich biete hiermit an, Dampfschiffe mit nicht weniger als 300 Pferdestärken auszurüsten, um zweimal im Monat die Post von einem Ort in England nach Halifax und zurück zu befördern.« Er kündigte an, seine Schiffe würden am 1. Mai 1840 bereit sein und ihre Aufgabe für die vereinbarte Summe von 55.000 Pfund pro Jahr erfüllen.

Zugleich nahm Cunard Kontakt zu dem Glasgower Erfinder Robert Napier auf, der als einer der besten und gewissenhaftesten Schifffahrtsingenieure seiner Zeit galt. Napier hatte bereits dauerhafte Maschinen für Raddampfer gebaut, die regelmäßig und pünktlich die Isle of Man anliefen.

Dieser Mann war derselben Meinung wie Cunard und davon überzeugt, dass die Zukunft auf dem Atlantik den Dampfern gehörte. Schon 1833 hatte er an einen Londoner Bankier geschrieben und die Gründung einer transatlantischen Dampfschifffahrtsgesellschaft vorgeschlagen. Sie sollte von Napier gebaute Schiffe betreiben. Der Ingenieur wusste, wie groß überall die Vorbehalte gegen die Dampfkraft waren und dass die Überlegenheit gegenüber der Segelschifffahrt erst bewiesen werden müsste. Deshalb formulierte er: »Alles, was mit der Maschinerie zu tun hat, würde ich sehr widerstandsfähig und aus den besten Materialien herstellen, da es von äußerster Wichtigkeit ist, am Anfang Vertrauen einzuflößen. Denn wenn sich auch nur das kleinste Missgeschick ereignet, das beispielsweise das Schiff daran hindern könnte, seine Überfahrt mit Hilfe von Dampf zu bewerkstelligen, so würde dies von unseren Gegnern über Gebühr herausgestrichen. Wenn es den Dampfern dagegen gelingt, zu Anfang einige schnelle Fahrten durchzuführen und dabei die Segelschiffe ganz entschieden zu schlagen, dann können Sie die Schlacht als gewonnen ansehen.«

Cunard und Napier schienen sich also gut zu ergänzen. Das bestätigte sich, als der Kanadier nach Schottland gereist war und sich beide persönlich kennen gelernt hatten. Sie vereinbarten, dass der Ingenieur drei Schiffe von jeweils 950 Tonnen und einer Maschinenleistung von 375 Pferdestärken für jeweils 32.000 Pfund bauen sollte.

Napier war Perfektionist und kam zu dem Schluss, dass seine ersten Schiffe, die den Atlantik im Liniendienst überqueren sollten, größer und stärker sein mussten, als ursprünglich von Cunard vorgeschlagen. Aber die Erhöhung der Tonnage auf 1.139 Tonnen und Maschinen mit mehr als 700 PS Leistung machten mehr Kapital erforderlich.

Außerdem hatte sich Cunard in der Zwischenzeit entschieden, ein viertes Schiff bauen zu lassen. Alles in allem würden sich die Investitionen nun auf mehr als 200.000 Pfund belaufen.

Um das Geld aufzubringen, brachte Napier zwei weitere Schotten ins Geschäft, George Burns und David McIver. Sie hatten einschlägige Erfahrung im Betrieb von Schiffen und hielten bereits Anteile an der City of Glasgow Steam Packet Company. Die betrieb Dampfer zwischen Glasgow, Liverpool und Belfast. In jener Zeit fürchteten sich viele Passagiere noch so sehr vor den fauchenden Dampfschiffen, dass die Reederei auf der Route nach Belfast einen Priester als reguläres Besatzungsmitglied mit an Bord hatte.

Es gab langwierige Verhandlungen über das Risiko einer transatlantischen Postverbindung mit Dampfern. Am meisten fürchteten die Beteiligten die hohen Strafsummen der Admiralität, die laut Vertrag fällig werden sollten, wenn die Post nicht zum zugesicherten Termin ihr Ziel erreichen würde.

Gemeinsam gründeten die vier Männer die British & North American Royal Mail Steam Packet Company. Cunard bezahlte 55.000 Pfund aus der eigenen Tasche, und

Ein fast fünf Meter langes Modell des Cunard-Schiffes MAURETANIA *ziert die Lobby der* QUEEN ELIZABETH 2, *die künftig als Hotelschiff in Dubai liegt.*

eine Woche später brachten Burns, McIver und 32 Freunde von ihnen den Rest auf, so dass sich das Kapital der Gesellschaft auf insgesamt 270.000 Pfund belief. Das Konsortium führte bei der Bewerbung gegenüber der Admiralität ein unschlagbares Argument an. Es meinte, nur Engländer hätten das moralische Recht, englische Post zu befördern. Anfang Mai 1839 hatte Cunard einen Siebenjahresvertrag in der Tasche und Napier seinen Auftrag.

Wichtig war der Ruf von Schnelligkeit und Zuverlässigkeit

Als nächsten Schritt machte Cunard sich daran, Menschen in den Vereinigten Staaten von seiner Idee zu überzeugen. Laut dem Kontrakt mit der Admiralität sollte Boston eigentlich nur eine Zwischenstation auf der Linie nach Halifax sein. Als Cunard der Admiralität berichtete, dies verletze den Stolz der Bostoner Bürger, erhöhte diese den Zuschuss auf 60.000 Pfund pro Jahr. Das ermöglichte es ihm, einen direkten Liniendienst zwischen London und Boston zu gewährleisten. Aus Dankbarkeit versprachen ihm Bostoner Kaufleute auf 20 Jahre einen Kai zur Verfügung zu stellen, den er kostenlos benutzten konnte. Die letzte Hürde auf dem Weg zu einer transatlantischen Dampferlinie war genommen.

Im Vertrag mit der Admiralität verpflichtete Cunard sich zu 14-tägigen Fahrten in den Sommermonaten zwischen Liverpool nach Boston, Halifax und Québec. Die Abfahrten sollten jeweils am 4. und am 19. eines jeden Monats erfolgen. Für die stürmischen und geschäftsschwächeren Monate November bis Februar einigte man sich auf monatliche Abfahrten.

Als erstes Schiff gab Cunard die BRITANNIA in Auftrag. Sie war 63 Meter lang, mit 1.135 BRT vermessen und trug die Besegelung einer Bark. In ihren Kabinen bot sie Platz für 115 Passagiere. Denen allerdings wurde nicht viel Komfort geboten. Cunard war zwar darauf bedacht, nur das Beste an Arbeitskräften und Werkstoffen beim Bau des Schiffes einzusetzen, doch er hatte Napier auch angewiesen, »ein schlichtes und komfortables Schiff ohne die geringsten Kosten für Aufmerksamkeitsheischerei« zu bauen. So stand den Passagieren nur ein einziger Salon zur Verfügung, der direkt an die Kabinen grenzte und gleichzeitig als Speisesaal und Aufenthaltsraum diente. Auf gute Verpflegung aber achtete der Reeder. Es gab an Bord sogar eine Milchkuh und einige Hühner.

Die Werft von John Brown am Clyde baute über viele Jahre alle Cunard-Schiffe. Dieses Schild stammt von der QUEEN MARY.

Für den Antrieb sorgten zwei Seitenhebel-Dampfmaschinen mit einer Leistung von 420 PS, sie trieben seitliche Schaufelräder mit einem Durchmesser von achteinhalb Metern an und sollten das Schiff auf eine Geschwindigkeit von etwa neuneinhalb Knoten beschleunigen.

Am 4. Juli 1840 lief die BRITANNIA, das Flaggschiff der ersten Cunard-Flotte, zu ihrer Jungfernfahrt von Liverpool nach Halifax aus. Ohne den Zuschuss der Admiralität aber wäre diese Fahrt kaum wirtschaftlich gewesen. Von den 124 Plätzen für Fahrgäste waren nur 63 belegt. Jedoch hatten sich Cunard und seine Tochter Ann zu dieser Jungfernfahrt eingeschifft.

Für die erste Reise hatte der Reeder Kapitän Samuel Woodruff umfangreiche schriftliche Instruktionen zusammengestellt. Darin hieß es unter anderem: »Für die Teilhaber der BRITANNIA ist es von höchster Wichtigkeit, dass dieses Schiff sich einen Ruf für Schnelligkeit und Sicherheit erwirbt.«

Und die Schotten unter den Geschäftspartnern ermahnten den Ingenieur, die Türen des Heizkessels so weit wie möglich geschlossen zu halten und mit den Luftklappen umsichtig zu verfahren, um Kohle zu sparen. Außerdem waren die Kessel im Hinblick auf einwandfreie Wartung und Erhaltung der Leistung in regelmäßigen Abständen mit Druckluft durchzupressen und die Umdrehungen der Maschinen alle zwei Stunden zu ermitteln und im Logbuch festzuhalten.

An Bord gab es Rheinwein zum Frühstück

Anordnungen zu Hygiene und Sauberkeit wurden auf der BRITANNIA streng durchgesetzt. Die Schlafkabinen wurden jeden Morgen um fünf Uhr durchgefegt. Die Menschen der victorianischen Epoche waren immerhin Frühaufsteher. Während sie beim Frühstück saßen, leerte ein Reinigungsteam die Nachttöpfe. Das Bettzeug wurde alle acht Tage gewechselt. Über das Frühstück äußerte sich ein Passagier jener Zeit sehr zufrieden: »Ich bekam ein gutes Steak und eine Flasche Rheinwein.«

Die BRITANNIA benötigte für diese erste Überfahrt 13 Tage und beendete sie in einem wahren Geschwindigkeitsrausch. In den letzten 24 Stunden legte sie 253 Seemeilen zurück. Die Dampfmaschine hatte mit einem solchen Etmal höhere Erwartungen erfüllt, als Napier in sie gesetzt hatte.

Am 17. Juli um zwei Uhr morgens machte das Schiff in Halifax fest und lief bereits sieben Stunden später wieder mit Kurs auf seinen Endhafen Boston aus, wo ein »Cu-

nard-Fest« es erwartete. Musikkapellen spielten, Salutschüsse donnerten. Die Bürgermeister der größeren Städte Neuenglands, gefolgt von ausländischen Konsuln und Lokalpolitikern, führten die Begrüßungsparade an. Zum Abschluss fanden sich zweitausend Teilnehmer zu einem Bankett ein, das fünf Stunden dauerte und bei dem endlose Reden gehalten wurden. Josiah Quincy jr., der Rektor der Harvard-Universität, Daniel Webster sowie der britische Konsul waren die Hauptredner. Quincy sagte über Cunard: »Er hatte den Kopf, es zu ersinnen, die Zunge, es zu verfechten, und die Hand, es auszuführen.« Alle waren sich darin einig, dass es seit der MAYFLOWER keine vergleichbare Fahrt mehr gegeben hatte.

Die Stadtväter überreichten Captain Woodruff einen riesigen Silberpokal als Anerkennung für die erfolgreiche erste Reise. Diese Trophäe wird seither von der Reederei in Ehren gehalten und kann heute in einer gläsernen Vitrine an Bord der QUEEN MARY 2 besichtigt werden. Samuel Cunard wurde während der nächsten Tage einer der begehrtesten Vorzeigegäste der Stadt und erhielt von den Einwohnern Bostons 1.873 Einladungen zum Dinner.

Nach diesem Triumph liefen noch im selben Jahr zwei weitere Schiffe der Linie vom Stapel, sie hießen ACADIA und CALEDONIA und nahmen ihre Linienfahrten auf. Ein Jahr später, also 1841, folgte die COLUMBIA.

Als der Hafen von Boston im Winter 1843 zugefroren war, hackten die Bürger der Stadt eine Fahrrinne ins Eis, damit die Reederei Cunard ihren Fahrplan einhalten konnte.

Nach einem Jahr zeigte sich jedoch, dass die Einnahmen trotz der Subventionen nicht ausreichten, um die Ausgaben für den Liniendienst zu decken.

Samuel Cunard, George Burns und David MacIver baten also im September 1841 noch einmal um einen Gesprächstermin bei der Admiralität und legten die Ergebnisse ihres ersten Betriebsjahres vor mit der Forderung, die Zuschüsse zu erhöhen.

Unter der Bedingung, ein fünftes Schiff in Dienst zu stellen, stockte die Admiralität die jährlichen Zahlungen auf 81.000 Pfund auf. Man schien also grundsätzlich mit den Dienstleistungen der Cunard Line zufrieden zu sein. Auch die Bevölkerung Bostons erkannte die Bedeutung der Dampferlinie, die ihren Hafen als Endpunkt hatte. Dies zeigte sich besonders im Winter 1843, als der Hafen von Boston zugefroren war. Um es der Cunard Line zu ermöglichen, ihren Vertrag trotzdem zu erfüllen, hieb die Bevölkerung freiwillig eine sieben Meilen lange Fahrrinne in das Eis.

Für Cunard allerdings war dieser Vorfall Anlass, sich nach einem neuen, weniger eisgefährdeten Anlaufhafen auf der westlichen Seite des Atlantiks umzusehen. Von 1847 an wurde New York neuer Zielhafen.

Bis 1850 folgten sechs weitere neue Schiffe, die Cunard Line beherrschte den Nordatlantik.

Die Gewinne bei diesen Fahrten stiegen und das lockte die Konkurrenz an.

So wurden in den folgenden Jahren mehrere Reedereien gegründet, die bis zur Jahrhundertwende maßgeblich die Geschichte der Nordatlantikdienste mitbestimmen sollten: Hamburg-Amerikanische Packetfahrt-Actien-Gesellschaft (kurz HAPAG, 1856), Norddeutscher Lloyd (1858), Compagnie Generale Transatlantique (1854), Guion Line (1866) und Oceanic Steam Navigation Company (besser bekannt als White Star Line, 1869). Bereits 1850 war in Liverpool die Inman Line gegründet worden.

Der am härtesten umkämpfte Seeweg war der Nordatlantik

Der Nordatlantik wurde so zum am härtesten umkämpf ten Seeweg der Erde.

In diesem Kampf setzten die Reedereien auf Geschwindigkeit und Luxus. 1850 schickte die Collins Line, eine US-Reederei, schnelle, aus Eisen gebaute Schiffe auf die Strecke.

Der Silberpokal, den die Bürger der Stadt Boston beim ersten Anlaufen der BRITANNIA dem Kapitän überreichten, steht heute in einer Vitrine auf der QUEEN MARY 2. Traditionsbewusstsein spielt auf allen Cunard-Schiffen eine große Rolle. Dazu gehört auch die Vitrine mit Gegenständen aus der Geschichte der Reederei.

Cunard versuchte das neue Tempo mitzuhalten, sein Vertrag mit der britischen Admiralität schrieb ihm aber vor, hölzerne Schiffe zu betreiben. Und die blieben im Kielwasser der eisernen Dampfer zurück. Erst 1855 änderte die britische Admiralität diese Vertragsklausel, nicht zuletzt unter Eindruck des Krimkrieges und der knapper werdenden Holzvorräte auf den Britischen Inseln. 1857 wurde die PERSIA, Cunards erster Eisendampfer, das schnellste Schiff auf dem Nordatlantik, 1862 stellte die neue SCOTIA, Cunards letzter Raddampfer, einen weiteren Rekord auf. Aber auch die Mitbewerber schickten schnelle Schiffe ins Rennen.

1869 wurde die CITY OF BRUSSELS der Inman Line das schnellste Schiff auf der mittlerweile viel befahrenen Linie, 1870 folgten die ersten Rekordschiffe der neuen White

Star Line. Auch die erfolgreiche National Line machte der Cunard Line das Leben schwer, sie geriet immer weiter ins Hintertreffen.

Gründer Samuel Cunard, der inzwischen für seine Verdienste geadelt worden war, blieb es erspart, den Niedergang seiner Reederei mitzuerleben. Er starb 1865.

Die britische Admiralität kürzte kurze Zeit später die Subventionen auf 70.000 Pfund jährlich und übertrug zugleich den kanadischen Posttransport der Inman Line. Auch bei der Beförderung von Auswanderern war die Konkurrenz erfolgreicher. 1877 brach die Cunard Line finanziell zusammen und wurde als Cunard Steamship Company Ltd. in eine Aktiengesellschaft umgewandelt.

Cunard wehrt sich gegen Übernahmen

Das neue Unternehmen, das den traditionsreichen Namen Cunard weiterführte, stellte mehrere neue Schiffe in Dienst, so 1874 und 1875 die BOTHNIA und SCYTHIA, die mit jeweils 4.557 BRT vermessen waren, in den nächsten Jahren folgten die GALLIA mit 4.809 BRT, SERVIA mit 7.392 BRT als erster Stahldampfer der Reederei und die ARAUNIA (7.629 BRT). Man sieht an den Werten der Vermessung, wie die Schiffe stetig größer wurden.

1884 kauften die Cunard-Aktionäre den Dampfer OREGON der in finanzielle Schwierigkeiten geratenen Guion Line, 1885 folgten mit ETRURIA und UMBRIA (je 7.718 BRT) weitere Rekordschiffe.

1893 wurden die neuen Liner CAMPANIA und LUCANIA mit 12.950 BRT die größten Passagierschiffe der Welt und zugleich ein Inbegriff für Luxus und Komfort. Cunards Spitzenposition auf der Route über den Nordatlantik schien wieder unangefochten. Die Reedereien Inman, Guion und National waren aus dem Feld geschlagen und die White Star wollte in dem Wettlauf um Größe und Geschwindigkeit nicht mithalten.

Da erschienen völlig unerwartet mit den beiden deutschen Reedereien Norddeutscher Lloyd und Hapag neue Konkurrenten auf dem Markt, sie setzten auf deutschen Werften gebaute Schiff ein, die Rekorde in Bezug auf Größe und Geschwindigkeit lieferten. Zehn Jahre lang dominierten die Deutschen das Geschehen auf dem Nordatlantik, sehr zum Leidwesen der Briten.

1901 begann der amerikanische Bankier John Pierpont Morgan eine Reederei nach der anderen aufzukaufen und nannte die neue Monsterreederei International Mercantile Marine Co. (IMM). Es war auch die Cunard Line im Visier. Doch das Unternehmen übte Druck auf das britische

Der amerikanische Banker John Piermont Morgan fasste mehrere Reedereien zur International Mercantile Marine Co. zusammen. Cunard allerdings blieb unabhängig.

Parlament aus und erhielt ein Darlehen von 11,7 Millionen US-Dollar sowie jährliche Subventionen in Höhe von 732.000 Dollar für den Bau neuer Schiffe. Aus diesen Mitteln finanzierte die Reederei den Bau der beiden Schwesterschiffe LUSITANIA und MAURETANIA, die 1907 den Betrieb aufnahmen. Mit 31.938 BRT waren sie die größten und mit mehr als 26 Knoten auch die schnellsten Schiffe der Welt.

Cunard hatte die Deutschen wieder übertrumpft. Die MAURETANIA sollte die nächsten 22 Jahre das Blaue Band halten, länger hat dies kein Schiff geschafft. 1911 kaufte die Cunard Line einige britische Reedereien auf, dazu gehörten die Anchor Line, Brocklebank Line und der Passagierservice der Thomson Line, 1916 folgte noch die Port Line. Cunard war zu einem der weltweit größten Schifffahrtskonzerne aufgestiegen und unterhielt mittlerweile sogar Liniendienste nach Indien und Australien.

Der 1914 ausgebrochene Erste Weltkrieg war für die weltweite internationale zivile Schifffahrt eine Katastro-

S. 42/43:
Als Folge der Weltwirtschaftskrise musste die Reederei Cunard sich auf Drängen des britischen Schatzamtes mit der White Star Line zusammenschließen. Die Plakate jener Zeit zeigen den Wechsel.

CUNARD LINE

EUROPE-AMERICA

phe und führte zu schweren Verlusten an Menschenleben und Schiffstonnage. Davon blieb auch Cunard nicht verschont. Der schwerste Verlust war der Untergang des Dampfers LUSITANIA durch einen Torpedotreffer, abgefeuert von einem deutschen U-Boot. Die LUSITANIA-Katastrophe forderte 1.198 Todesopfer, darunter waren viele Amerikaner. Das bewog die USA zum Kriegseintritt.

Nach dem Krieg begannen Reedereien überall in der Welt sofort mit dem Wiederaufbau. Mitte der 20er Jahre des 20. Jahrhunderts hielt Cunard wieder eine Spitzenposition. Aber auch die Konkurrenz erschien wieder auf der Bildfläche, darunter sogar die im Krieg geschlagenen Deutschen. 1928 verlor die MAURETANIA das mittlerweile legendär gewordene Blaue Band für das schnellste Schiff an den Liner BREMEN des Norddeutschen Lloyd. Cunard konterte und gab sofort einen neuen Rekordbrecher in Auftrag. Doch die Weltwirtschaftskrise verzögerte das Projekt. Die Reederei konnte es nicht weiter finanzieren und der Bau schritt nur langsam voran. In dieser Situation sprang das britische Schatzamt ein und stützte das Projekt mit 4,5 Millionen Pfund Sterling. Es stellte aber die Bedingung, dass Cunard und die White Star Line sich zusammenschließen mussten. 1935 wurde die Fusion vollzogen und die neue Reederei hieß Cunard-White Star.

Dieses Unternehmen stellte 1936 einen neuen Liner in Dienst, in den hohe Erwartungen gesetzt wurden, denn er sollte die Vorherrschaft der Deutschen auf dem Nordatlantik brechen. Mit 80.774 BRT war es das größte Schiff der Welt. Die Reederei nannte es QUEEN MARY. Der Superdampfer stellte dann auch wie erwartet einen neuen Rekord auf und errang das Blaue Band. 1940 folgte mit der QUEEN ELIZABETH ein noch etwas größeres Schiff, das mit einer Vermessung von 83.673 BRT das größte Passagierschiff der Welt wurde.

Im Zweiten Weltkrieg verlor die Reederei Cunard vier Passagierschiffe und mehrere Frachter. Allein auf den beiden Passagierschiffen LANCASTRIA und LACONIA ließen jeweils mehr als 2.000 Menschen ihr Leben. QUEEN MARY und QUEEN ELIZABETH überstanden

den Krieg unversehrt und nahmen von 1948 an wieder den wöchentlichen Liniendienst über den Atlantik auf. Es folgten weitere Neubauten. Die 1948 in Dienst gestellte CARONIA war das erste Schiff der Reederei, das vorwiegend für Kreuzfahrten geplant war. 1950 kaufte Cunard diejenigen Geschäftsanteile der White Star Line auf, die sie noch nicht im Besitz hatte und benannte sich wieder in Cunard Steamship Company Ltd. um.

1952 verlor die QUEEN MARY das Blaue Band an die UNITED STATES der US-Reederei United States Lines Inc., doch Cunard versuchte dies nicht mehr zu ändern, indem die Reederei ein neues, schnelleres Schiff in Auftrag gab. Es war die Reaktion auf eine Verkehrsentwicklung, die niemand mehr aufhalten konnte. Flugzeuge waren auf der Transatlantikroute für die Beförderung von Post und Passagieren mittlerweile preisgünstiger und schneller.

In den 1960er Jahren fuhren die beiden Queens nur noch Verluste ein und mussten aus dem Verkehr gezogen werden, 1967 die QUEEN MARY und ein Jahr später die QUEEN ELIZABETH. Die 1968 in Dienst gestellte QUEEN ELIZABETH 2, das letzte Cunard-Schiff von einer britischen Werft, kündete schon von neuen Zeiten. Die QE 2, wie sie liebevoll genannt wird, war nicht nur für den Liniendienst, sondern auch für Kreuzfahrten vorgesehen. In dieser Funktion fand sie über Jahrzehnte viele treue Fans.

1971 wurde die Cunard Line Ltd., wie die Reederei seit 1962 offiziell heißt, von dem britischen Industriekonzern Trafalgar House Investments aufgekauft.

Es folgten Ankäufe verschiedener Kreuzfahrtlinien für Cunard durch Trafalgar House, so 1983 die Norske-Amerikalinje AS, 1986 die Norske Cruise AS und 1993 die Royal Viking Line AS. Anfang der 1990er Jahre bot die Cunard-Flotte einen bunt zusammengewürfelten Eindruck. 1998 wurde Trafalgar House durch den norwegischen Kvaerner-Konzern aufgekauft und zerschlagen, die Cunard Line kam im selben Jahr nun doch unter das Dach einer US-Firma, der Carnival Corporation, dem Marktführer unter den Kreuzfahrtlinien.

Der italienische Dampfer REX errang als erstes und einziges Schiff seiner Nation im Jahre 1933 das Blaue Band und nahm die Trophäe der deutschen BREMEN ab (oben). 1902 wurde KRONPRINZ WILHELM das schnellste Schiff auf dem Nordatlantik und übertrumpfte die DEUTSCHLAND.

Das Blaue Band –
ein Mythos der Seefahrt

Wer zur Mitte des 19. Jahrhunderts den Nordatlantik überquerte, reiste selten zum Vergnügen. Neben Auswanderern waren es Geschäftsleute, die diese Verbindung zwischen der Neuen und der Alten Welt nutzten. Für sie war die Reise nicht Selbstzweck, sie wollten sie eigentlich so schnell wie möglich hinter sich bringen, um am Ziel ihren eigentlichen Aufgaben nachkommen zu können. Die Auswanderer dagegen interessierte die Länge der Reise weniger, sie wollten eine möglichst preisgünstige Passage buchen.

16538. P. Z. - NORDD. LLOYD, BREMEN.
SCHNELLDAMPFER "KAISER WILHELM DER GROSSE". SPEISESAAL I. KL.

Der Dampfer KAISER WILHELM DER GROSSE (hier ein Blick in den Speisesaal I. Klasse) errang als erstes deutsches Schiff das Blaue Band.

Für die finanziell besser gestellten Passagiere aber war eine Reise über den Nordatlantik lange Zeit mit Prestigegewinn verbunden. Es hatte etwa den gleichen Stellenwert, der heute der Beobachtung zugemessen wird, mit welchem Auto ein neuer Geschäftspartner zum ersten Treffen vorfährt.

Nachdem die Reedereien eine Zeit lang mit der Größe ihrer Schiffe renommiert hatten, brachten sie nun, da es kaum noch lohnende Steigerungen gab, die Geschwindigkeit ins Spiel. Die schnellsten Schiffe wurden in den Zeitungen jener Zeit als »record breaker« bezeichnet, Berichte über diese Rekordbrecher fanden immer ihre Aufmerksamkeit.

Um ein Rekordschiff zu werden, reichte es nicht aus, einmal über ein Etmal eine Höchstgeschwindigkeit erreicht zu haben. Eine neue Marke setzte ein Schiff nur mit einer Höchstgeschwindigkeit während der gesamten Atlantiküberquerung.

Bis in die achtziger Jahre des 19. Jahrhunderts spielten Rekordfahrten im Bewusstsein der Öffentlichkeit keine große Rolle, erst das dann einsetzende Zeitalter der Schnelldampfer machte deren Kampf um die schnellste Überquerung des Atlantiks zu einem viel diskutierten Thema. Den Begriff »Blaues Band« aber gab es zu jener Zeit noch gar nicht. Und einheitliche Regeln, wie eine Rekordfahrt zu bewerten war, schon gar nicht. Das macht es schwer, Rekordfahrten miteinander zu vergleichen.

Die US-Postverwaltung beispielsweise führte die HA-PAG-Schiffe als schnellste Postdampfer. Das ließ Laien schon einmal glauben, es handle sich um die schnellsten Schiffe der Welt. So schrieb die »New York Tribune« am 20. Mai 1889 nach der Jungfernreise der AUGUSTA VICTORIA: »Ein Ozeanrekord wurde gebrochen. Die schnellste Jungfernfahrt westwärts. Erreicht von AUGUSTA VICTORIA.« Die Meldung berichtet ganz korrekt von der schnellsten bisherigen Jungfernreise und nicht etwa von der schnellsten bisherigen Nordatlantikreise überhaupt. Aber so feine Unterschiede machten die Leser nicht.

Wegen der auf dem Atlantik vorherrschenden westlichen Winde und Strömungen ist zudem die Fahrt von Ost nach West die schwierigere. Auch dieses war nicht jedem Zeitungsleser bekannt.

Rekorde waren schwer zu überprüfen

Und es gab weitere Verwirrung. So meldete die britische Zeitung »Star« am 17. Oktober 1890 einen weiteren Weltrekord auf dem Nordatlantik: »Der Dampfer COLUMBIA der Hamburg Amerikanischen Packetfahrt Kompanie verließ New York am 9. Oktober um zwei Uhr nachmittags und erreichte gestern Southampton zur Mittagszeit. Damit hat das Schiff den bisherigen Rekord zwischen diesen beiden Häfen um zwei Stunden und elf Minuten unterboten.« Auch hier ist es schwer, den Rekord zu überprüfen, da es nur um die beste Geschwindigkeit auf einer einzigen Linie ging.

New York hatte sich im letzten Drittel des 20. Jahrhunderts zu einer der großen Metropolen der Welt entwickelt, die Stadt spielte eine wichtige Rolle im Welthandel, im kulturellen Leben und in politischen Ränkespielen. Das zog Journalisten aus aller Welt an, die sich dort als Korrespondenten niederließen.

Was also als Schlagzeile über schnelle Schiffsreisen in einer New Yorker Zeitung stand, erschien kurze Zeit später in den Zeitungen in aller Welt. Rennen der Schiffsgiganten über den Nordatlantik avancierten zum Medienereignis. Dafür aber brauchten die Reporter einen schlagkräftigen Begriff. Rekordschiff war zu wenig eingängig. Wer es war, der zum ersten Mal den Begriff »Blaues Band« dafür verwendete, ist heute nicht mehr überliefert. Angeblich soll es ein Begriff aus dem Pferdesport sein, bei denen dem Sieger eines Rennens ein blaues Band angeheftet wurde. Es wurde als passend für die edlen und schlanken Rennpferde der See angesehen und daher gern aufgenommen. Nach einer anderen Variante

bezieht es sich auf das blaue Band des britischen Hosenbandordens.

Im Jahr 1898 steigerte sich die Aufmerksamkeit schlagartig, denn nun waren schnelle Reisen über den Nordatlantik nicht länger ein Triumph einer einzelnen Reederei, nun wurden sie zu einer Angelegenheit von nationalem Prestige. Zum ersten Mal hatte ein deutsches Schiff, der Dampfer KAISER WILHELM DER GROSSE, die Bestzeit für sich errungen. Mit diesem Schiff begann ein neues Kapitel der internationalen Schifffahrtsgeschichte: Zum ersten Mal besaß eine deutsche Reederei das größte und schnellste Schiff der Welt und zum ersten Mal hatte eine deutsche Werft eine solche internationale Spitzenleistung vollbracht.

Dieses 198 Meter lange Schiff war mit 14.350 BRT vermessen und wurde von der Bremer Reederei Norddeutscher Lloyd ins Rennen geschickt. Es stammte von der Stettiner Vulcan Werft und lief schon während seiner Jungfernfahrt den beiden Cunard-Schiffen LUCANIA und CAMPANIA den Rang als größte und schnellste Schiffe ab. Die beiden Dampfmaschinen leisteten 28.000 PS, die Geschwindigkeit lag bei gut 21 Knoten: Pro Tag verbrauchte das Schiff 500 Tonnen Kohle, der Bunkervorrat war mit 4.550 Tonnen reichlich bemessen. Wegen seiner Größe wurde es im Volksmund schnell »Dicker Wilhelm« und der »Große Kaiser« genannt.

Die Schiffe jener Zeit waren nicht nur schnell, sondern auch elegant, wie dieser Blick in den Damensalon des Lloyd-Dampfers GROSSER KURFÜRST zeigt.

Der Dampfer DEUTSCHLAND hielt lange das Blaue Band. Erst die Dampfer LUSITANIA und MAURE-TANIA holten die Trophäe wieder zur Reederei Cunard zurück.

artige Silhouette symbolisierte gleichermaßen Größe, Eleganz und Schnelligkeit. Der »Große Kaiser« schaffte schon im November 1897 die schnellste Reise, die je ein Schiff von Sandy Hook vor New York nach den Needles vor Southampton unternommen hatte. Einige Monate später, am 30. April 1898, verließ das Schiff Southampton und erreichte in fünf Tagen und zwanzig Stunden Sandy Hook. Mit einer Durchschnittsgeschwindigkeit von 22,29 Knoten hatte KAISER WILHELM DER GROSSE als erstes deutsches Schiff das Blaue Band gewonnen!

Im Ersten Weltkrieg wurde das Schiff zum Hilfskreuzer ausgerüstet, der vor der Küste Westafrikas drei britische Dampfer versenkte. Am 26. August stellte ein britischer Kreuzer den wehrhaften Dampfer vor der spanischen Kolonie Rio de Oro. Nach einem halbstündigen Artilleriegefecht ließ der Kommandant, Fregattenkapitän Reimann, das Schiff sprengen. Die Besatzung rettete sich in Boote und wurde von den Spaniern nach Las Palmas gebracht. Erst 1952 wurden die letzten Reste des noch immer aus dem Wasser ragenden Schiffes verschrottet.

Aber zurück zum Blauen Band. Dass ein deutsches Schiff die prestigeträchtige Trophäe errungen hatte, gewann größere Bedeutung als die bisherigen Rekorde. Der Rekord fiel in die beginnende Rivalität zwischen Deutschland und Großbritannien auf dem Meer. Sie umfasste nicht nur die zivile Schifffahrt, sondern auch die Kriegsmarinen beider Länder. Nun wurde es wichtig, die Fahrten der Schiffe beider Nationen wirklich vergleichen zu können.

Es gab zwar keine offizielle Stelle, die die Jagd nach dem Blauen Band organisierte, bewertete und anschließend die Trophäe vergab. Schiedsrichter war eigentlich die öffentliche Meinung, angeführt von den Reportern der großen New Yorker Zeitungen. Sie stellten auch einige ungeschriebene Regeln auf.

Die wichtigste dieser ungeschriebenen Regeln besagt, dass niemals die Ergebnisse von Fahrten in östlicher mit solchen in westlicher Richtung verglichen werden dürfen. Denn Golfstrom und Windströmungen begünstigten die erreichten Geschwindigkeiten auf der Fahrt von Amerika nach Europa. So konnte es vorkommen, dass es auf dem Nordatlantik zwei Rekordhalter gab. Einen auf der Ost-West-Route und einen in umgekehrter Richtung.

Die Hamburg-Amerika Linie hatte die Erfahrungen des Norddeutschen Lloyd mit seinem neuen Schnelldampfer mit großem Interesse verfolgt. HAPAG-Chef Albert Ballin hatte sich selbst ein Bild gemacht, in dem er sich auf dem Dampfer KAISER WILHELM DER GROSSE eingeschifft hatte. Er war von den Vorzügen des Lloyd-Dampfers tief beeindruckt. Dabei war Ballin zu jener Zeit keineswegs ein Freund des Schnelldampferbetriebs. Die hohen Betriebs-

Mit der Jungfernreise des Schnelldampfers KAISER WILHELM DER GROSSE begann am 19. September 1897 auf dem Nordatlantik das Jahrzehnt der Deutschen. Bis die britischen Liner LUSITANIA und MAURETANIA in Fahrt kamen, sollten zehn Jahre lang deutsche Dampfer die Geschwindigkeitsrekorde auf dem Nordatlantik aufstellen. Als größtes Schiff der Welt erregte KAISER WILHELM DER GROSSE in den Anlaufhäfen Southampton, Cherbourg und New York Aufsehen. Es war der erste Dampfer auf den Weltmeeren, der vier Schornsteine trug. Seine einzig-

kosten dieser Schiffe und ihre starke Abhängigkeit von den unterschiedlichen Fahrgastströmen zwischen der Neuen und der Alten Welt und zurück bereiteten Ballin Sorge. Dazu kam die Erfahrung der HAPAG, dass ihre hochmodernen Schnelldampfer der AUGUSTA-VICTORIA-Klasse von 1890 schon wenige Jahre später von britischen Schnelldampfern und eben jetzt von den Lloyd-Rennern so eindeutig überholt worden waren.

Trotz all dieser Vorbehalte gab die HAPAG aber bei der Stettiner Vulcan Werft ein Passagierschiff in Auftrag, das dafür konstruiert werden sollte, das Blaue Band für die Hamburger Reederei zu erobern. Das Ergebnis war ein 202 Meter langes Schiff, das von den beiden größten jemals gebauten Vierfach-Expansionsmaschinen angetrieben wurde. Sie leisteten 17.000 PS und sollten es auf mehr als 23 Knoten beschleunigen. Der neue Gigant wurde auf den Namen DEUTSCHLAND getauft und legte am 5. Juli 1900 zu seiner Jungfernfahrt ab.

HAPAG-Chef Albert Ballin hielt wenig von der Jagd nach Geschwindigkeitsrekorden. Er beteiligte sich nur mit einem Schiff daran.

S.S. NORMANDIE · THE FRENCH LINE LTD.

Tatsächlich überquerte die DEUTSCHLAND den Atlantik in fünf Tagen, sieben Stunden und 38 Minuten. Die HAPAG hatte das Blaue Band errungen. Mit ihren 16.502 BRT übertraf die DEUTSCHLAND auch in der Tonnage den Bremer Rivalen. Die HAPAG hatte endlich ihren Superlativ. Allerdings bereitete das Superschiff der Reederei an der Alster niemals ungetrübte Freude.

Die DEUTSCHLAND litt bei hohen Geschwindigkeiten unter starken Vibrationen. Man drosselte also die Geschwindigkeit und reduzierte damit zugleich den hohen Kohleverbrauch. Der HAPAG-Liner hatte jedoch trotz allem beim internationalen Reisepublikum sehr bald den

Beinamen »The Cocktail Shaker«. 1902 führten starke Vibrationen im Achterschiff sogar zum Bruch des Achterstevens und das Ruder ging verloren. So ging wirtschaftlich eine ganze Sommersaison verloren, weil das Schiff statt auf den Atlantik zu kreuzen in Hamburg bei Blohm + Voss in der Werft lag.

Nach diesen schlechten Erfahrungen blieb die DEUTSCHLAND das einzige Blaue-Band-Schiff der HAPAG. Albert Ballins Befürchtungen, dass es sich nicht lohne, am Kampf um die legendäre Trophäe teilzunehmen, hatten sich bestätigt.

Der Norddeutsche Lloyd jedoch wollte die Trophäe zurück. Im Juni 1902 meldete der Kapitän des Schnelldampfers KRONPRINZ WILHELM nach Bremen, dass er den Rekord der DEUTSCHLAND um 0,2 Knoten überboten habe. Sofort ging die Meldung in alle Welt. Bei der HAPAG rechnete man die Bremer Angaben nach, entdeckte Widersprüche und erreichte, dass die Bremer kleinlaut einen Irrtum zugeben und die Rekordmeldung widerrufen mussten.

Aber noch im selben Jahr überbot der Schnelldampfer KRONPRINZ WILHELM den Rekord der DEUTSCHLAND. Der Dampfer war eine vergrößerte Ausführung des Schiffes Kaiser WILHELM DER GROSSE. Dampfer mit den Namen der Hohenzollern übertrumpften sich in den folgenden Jahren gegenseitig. 1904 setzte die KAISER WILHELM II. die Marke noch einmal höher und bis 1907 blieb das Blaue Band bei den Deutschen.

1935 ging das Blaue Band erstmals an ein französisches Schiff, die NORMANDIE.

Im Oktober 1907 übernahm der britische Schnelldampfer LUSITANIA den Geschwindigkeitsrekord, den er schließlich an sein Schwesterschiff MAURETANIA abgeben musste. Bis 1929 blieb die MAURETANIA im Besitz des Blauen Bandes, ehe 1929 und 1930 die Lloyd-Dampfer BREMEN und EUROPA den Rekord wieder zurück nach Deutschland holten.

Die beiden Schiffe waren 28 Knoten schnell und verkürzten die Überfahrt erstmals auf 4 Tage, 14 Stunden und 30 Minuten.

1933 zeigten auch italienische Werften, was sie konnten: Der Dampfer REX der Reederei Italia S.A.N. holte auf

(Fortsetzung auf S. 52)

Der Reederstolz auf große Schiffe

Die Reedereien warben während des Goldenen Zeitalters der Passagierdampfer nicht nur mit der Größe ihrer Schiffe und stellten sie in Montagen aufrecht in ganze Häuserzeilen. Sie zeigten auch stolz, wie viel Aufwand sie trieben, um ihre anspruchsvollen Passagiere zufrieden zu stellen. Grafiken veranschaulichten, wie viel landwirtschaftliche Fläche notwendig war, um genug Proviant für die Überfahrt zu haben. Oder welche Menge an Kohlenwaggons anrollen musste, um genügend Brennstoff zum Heizen der Dampfkessel zu liefern. Auf der Abbildung rechts außen marschiert die komplette Mannschaft auf ihr Schiff zu, ausnahmslos vom Kapitän bis zur Musikkapelle und den Liftboys. Eine Reederei ließ auch Autos in zwei Fahrspuren durch die Schornsteine rollen, um deren Ausmaße zu zeigen, während die Grafik in der Mitte zeigt, wie die Größe von Dampfschiffen von 1812 bis 1901 zunahm.

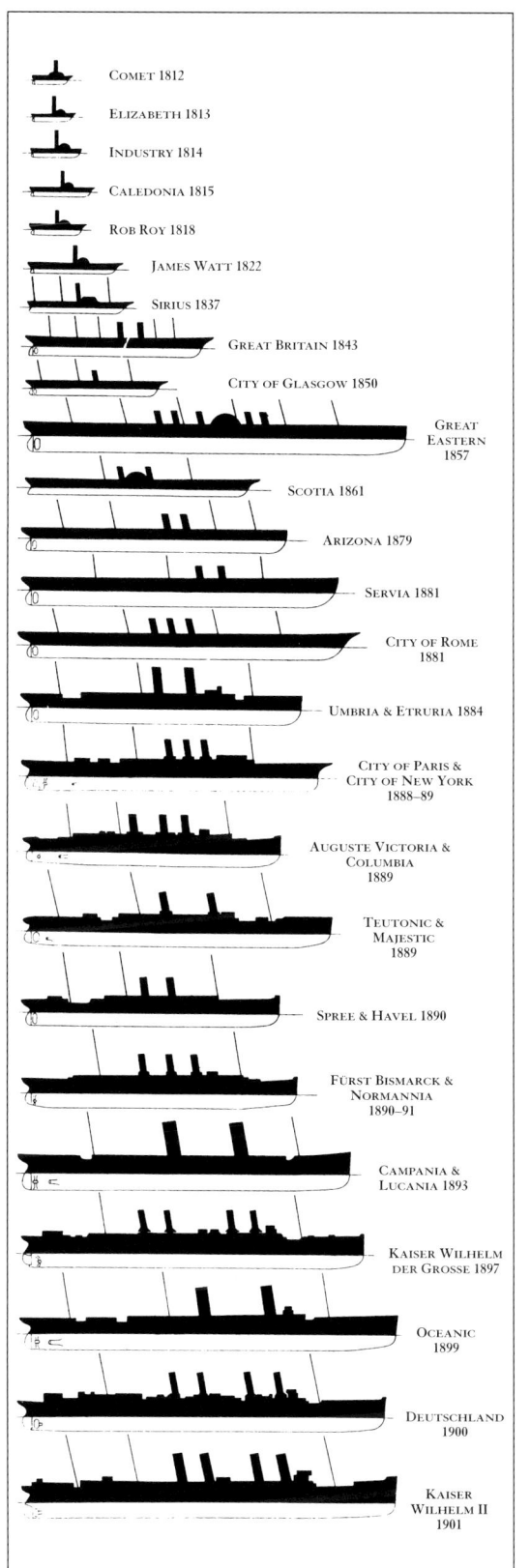

COMET 1812

ELIZABETH 1813

INDUSTRY 1814

CALEDONIA 1815

ROB ROY 1818

JAMES WATT 1822

SIRIUS 1837

GREAT BRITAIN 1843

CITY OF GLASGOW 1850

GREAT EASTERN 1857

SCOTIA 1861

ARIZONA 1879

SERVIA 1881

CITY OF ROME 1881

UMBRIA & ETRURIA 1884

CITY OF PARIS & CITY OF NEW YORK 1888–89

AUGUSTE VICTORIA & COLUMBIA 1889

TEUTONIC & MAJESTIC 1889

SPREE & HAVEL 1890

FÜRST BISMARCK & NORMANNIA 1890–91

CAMPANIA & LUCANIA 1893

KAISER WILHELM DER GROSSE 1897

OCEANIC 1899

DEUTSCHLAND 1900

KAISER WILHELM II 1901

Die Hales-Trophy gibt es seit 1935.

Es mussten nicht immer die Ozean-renner sein. Alle eleganten Schiffe der dreißiger Jahre des 20. Jahr-hunderts fanden auch immer elegante Bewunderinnen.

einer südlichen Route zum ersten und einzigen Mal das Blaue Band nach Italien. Es war eine Aktion, die stark propagandistisch begleitet wurde, denn damit untermauerte das Mussolini-Regime seinen machtpolitischen Anspruch.

1935 wechselte das Blaue Band zum Dampfer NOR-MANDIE der französischen Compagnie Générale Transatlantique. Die NORMANDIE gilt als einer der schönsten Transatlantik-Liner aller Zeiten. Mit einer Vermessung von 79.280 BRT war es der größte und mit 313,75 Meter Länge auch der längste Schnelldampfer seiner Zeit. Er eroberte mit einer Durchschnittsgeschwindigkeit von 30 Knoten auf dem Nordatlantik in vier Tagen, drei Stunden und zwei Minuten das Blaue Band und hisste beim Einlaufen in den Hafen von New York einen 30 Meter langen blauen Wimpel, für jeden erreichten Knoten einen Meter Stoff. Damit war die NORMANDIE das einzige Schiff, auf dem jemals ein wirkliches Blaues Band flatterte.

1936 griff auch die Cunard Line, inzwischen vereinigt mit der White Star Line, wieder in das Geschehen ein und schickte die QUEEN MARY ins Rennen. NORMANDIE und QUEEN MARY versuchten sich nun gegenseitig zu überbieten, doch die QUEEN MARY behielt letztendlich die Nase vorn. Mit einem Mittel von 30,14 Knoten war die Überfahrt auf drei Tage, 23 Stunden und 57 Minuten verkürzt, die Vier-Tage-Grenze war erstmals unterboten.

Erst 1935 bekam die Jagd nach dem Blauen Band einen offiziellen Anstrich. Der britische Parlamentsabgeordnete Harold K. Hales stiftete eine silberne Statue als Symbol für das Blaue Band. Die North Atlantic Blue Riband Challenge Trophy ist etwa 46 kg schwer und 1,20 m hoch.

Sie wurde nun an jedes Passagierschiff vergeben, das mit seiner Durchschnittsgeschwindigkeit bei der Transatlantiküberquerung einen Rekord aufstellte. Die vorangegangenen, seit 1838 in Listen als »record breaker« geführten Dampfschiffe wurden im Nachhinein mit dieser Ehre ausgezeichnet. Daher beginnen alle Listen von Trägern des Blauen Bandes mit SIRIUS und GREAT WESTERN aus dem Jahr 1838.

Mit Stiftung der Hales-Trophy und Gründung eines internationalen Komitees »Blaues Band« wurden die Strecken und Regeln bindend festgelegt. Als Anfangs- und End-

punkt auf der nördlichen Route wurden der Leuchtturm Bishop Rock auf den Scilly-Inseln vor Südwestengland und das Feuerschiff AMBROSE vor New York festgelegt. Für die südliche Route derjenigen Schiffe, die beispielsweise aus dem Mittelmeer kamen, galt Punta Marroquí, 15 Seemeilen südlich von Gibraltar, als Startpunkt. Der Endpunkt war ebenfalls das Feuerschiff AMBROSE.

Trotzdem war es nicht einfach, die Werte der einzelnen Schiffe miteinander zu vergleichen. Dafür waren die Längen der einzelnen Strecken zu unterschiedlich. Die nördliche Route war etwa 2.600 Seemeilen lang, konnte aber je nach Starthafen mit Messpunkt im Ärmelkanal oder St.-Georges-Kanal um etwa 100 Seemeilen variieren, während die südliche Route etwa 3.100 Meilen lang war. Das sorgte manchmal für Verwirrung, wenn ein neuer Rekord gemeldet wurde.

Der Zweite Weltkrieg beendete abrupt diese Überfahrten, die ja nicht nur zu Zeitrekorden führten, sondern auch technische Entwicklungen beim Bau von schnellen Schiffen in Gang setzten. Nach dem Krieg waren viele der großen Luxusliner aus der Vorkriegszeit verschwunden. NOR-MANDIE, BREMEN und REX waren verbrannt oder durch Bomben versenkt. An neuen Rekordfahrten war niemand mehr interessiert. Nur die Cunard Line konnte sich den großen Traum eines wöchentlichen Liniendienstes mit zwei Schiffen erfüllen, denn QUEEN MARY und QUEEN ELIZABETH hatten den Krieg unbeschadet überstanden. An Rekordfahrten aber hatte die Cunard Line kein Interesse mehr.

Nur die USA stellten noch einmal einen schnellen Passagierdampfer in Dienst. Während des Krieges hatten die Amerikaner festgestellt, wie sehr ihnen große und schnelle Passagierschiffe für den Truppentransport fehlten. Daher gaben sie ein Schiff in Auftrag, das in Friedenszeiten Passagiere über den Atlantik bringen sollte und bei Kriegszeiten schnell als Truppentransporter zur Verfügung stand.

1952 lief dieses Schiff, getauft auf den Namen UNITED STATES, unter dem Kommando von Kapitän Harry Manning zur Jungfernfahrt von New York nach Southampton aus. Nach drei Tagen, zehn Stunden und 40 Minuten erreichte es Europa und somit eine Durchschnittsgeschwindigkeit von 35,59 Knoten. Das waren fast vier Knoten mehr als die QUEEN MARY. Auf der Heimreise ergaben die Durchschnittswerte aus dem Logbuch

S.S. "UNITED STATES".   104

34,51 Knoten. Damit brauchte es für die Überfahrt in der Gegenrichtung drei Tage, zwölf Stunden und zwölf Minuten. Der Rekord der QUEEN MARY war in beide Richtungen geschlagen und die USA hatten nach einhundert Jahren wieder einen »record breaker« unter ihrer Flagge.

Die Maschinenanlage leistete 240.000 PS. Damit konnte die Dienstgeschwindigkeit von 31 Knoten mühelos erreicht werden. Da das Schiff in Notzeiten auch militärisch eingesetzt werden sollte und das US-Militär auch an der Finanzierung beteiligt war, wurde die wirklich erreichbare Höchstgeschwindigkeit lange geheim gehalten. Bei Probefahrten erreichte die United States angeblich fast 40 Knoten. Wegen der möglichen militärischen Nutzung wurde bei der Konstruktion des Schiffes eine hohe Feuersicherheit verlangt. Deshalb gab es an Bord nichts Brennbares, außer den Hackklötzen in der Küche und dem Konzertflügel. Die Rettungsboote bestanden aus Aluminium.

Die UNITED STATES nahm einen regulären 14-tägigen Liniendienst zwischen New York und Southampton auf, der bald bis Bremerhaven erweitert wurde.

Das zweitschnellste Schiff auf dem Atlantik, dafür aber mit 315 Meter Länge das größte der Welt, wurde die FRANCE der französischen Reederei Compagnie Générale Transatlantique, die auf der Werft Chantiers de l'Atlantique in Saint-Nazaire entstand, auf der später auch die QUEEN MARY 2 gebaut wurde, die ihr erst mehr als 30 Jahre später den Rang als größtes Schiff der Welt ablief. Am

11. Mai 1960 lief die FRANCE vom Stapel und wurde am 6. Januar 1962 an die Reederei abgeliefert. 1979 wurde sie in NORWAY umbenannt. Seit Januar 2008 wird das Schiff in Indien abgebrochen.

Auch dieses Schiffsschicksal war eine Folge der immer unrentabler gewordenen Transatlantik-Route. Flugzeuge waren schneller, die Flüge wurden preiswerter. Damit nahmen Flugzeuge den Schiffen verstärkt die Passagiere ab.

1939 verkehrten noch 86 Schnelldampfer auf der Nordatlantikroute. 1953 war diese Zahl auf etwa 40 gesunken, von denen einige mehr als 40 Jahre alt waren. In demselben Jahr benutzten 38 Prozent der Transatlantikreisenden das Flugzeug. Vier Jahre später waren es schon 55 Prozent. 1960 wickelten die Fluggesellschaften 69 Prozent des Geschäftes ab und beförderten nahezu zwei Millionen Passagiere. Allein in dem Jahr unternahmen Flugzeuge 70.000 Atlantiküberquerungen.

Aber die Reedereien gaben nicht kampflos auf. Neben dem schönen Schiff FRANCE, das die Franzosen ins Rennen geschickt hatten, stellte 1966 die italienische Reederei Italia S.A.N. die beiden sehr ästhetischen Schiffe MICHELANGELO und RAFAELLO in Dienst. Sie boten in erster Linie hohen Komfort und versuchten damit den Fluglinien Passagiere abspenstig zu machen.

Aber es folgten immer weniger Buchungen für Schiffspassagen, der Zeitgewinn im Flugzeug mit engen Sitzen siegte gegenüber einer mehrtägigen Atlantikpassage mit

Die UNITED STATES errang 1952 das Blaue Band. Nach Meinung vieler Fachleute steht ihr die Trophäe noch heute zu.

*Die Kommandobrücke der
VATERLAND war mit den
modernsten Navigationsgeräten
ihrer Zeit ausgestattet.*

hohem Komfort. In den sechziger Jahren fühlte man sich auf einigen dieser komfortablen Schnelldampfer in den Passagierbereichen fast wie auf Geisterschiffen. Besonders während winterlicher Überfahrten konnten Passagiere in den Restaurants, riesigen Hallen und großzügigen Salons vereinsamen. Das Servicepersonal überstieg die Anzahl der zahlenden Passagiere um das Drei- bis Vierfache.

Im Winter 1965 fuhren die beiden »Queens« auf der Nordatlantikroute täglich einen Verlust von 8.000 Pfund Sterling ein. So kündigte die Cunard Line am 8. Mai 1967 an, die QUEEN MARY aus dem Verkehr zu ziehen. Ein Jahr später wurde auch die QUEEN ELIZABETH aufgelegt. Bis zum Beginn der siebziger Jahre waren bis auf die staatlich subventionierten Liniendienste alle Dienste eingestellt. 1969 kam auch das Aus für das schnellste Schiff der Welt, die UNITED STATES. Sie wurde im Marinestützpunkt von Newport News aufgelegt.

Die Reederei übergab die Hales-Trophy an das Schifffahrtsmuseum in New York, das sie treuhänderisch verwaltete.

Die Faszination des Blauen Bandes ist jedoch ungebrochen. Immer wieder gab es Versuche von Schiffen, den Rekord zu unterbieten. Dabei setzen Reedereien auch Hovercraft-Schiffe und Katamarane ein, um die Werbewirksamkeit der legendären Trophäe zu nutzen.

Bisher schnellstes Schiff war 1998 ein dänischer Katamaran mit einer Durchschnittsgeschwindigkeit von 41,28 Knoten. Als wirkliche Rekordfahrt wollte das Schifffahrtsmuseum zu New York dies jedoch nicht anerkennen und weigerte sich, die Hales-Trophäe herauszugeben. Sie argumentierte, das Blaue Band sei ausschließlich für Schiffe bestimmt gewesen, die in einem regelmäßigen Liniendienst von Europa nach Nordamerika eingesetzt sind. Die Katamarane jedoch sind für Fährdienste im Ärmelkanal, Kattegat oder in der Straße von Gibraltar konzipiert und auch dort im Einsatz. Die Atlantik-Überquerung hatten sie lediglich zu Werbezwecken unternommen. Dennoch ist die Überquerung des Nordatlantiks mit so schnellen Zeiten eine große seemännische und technische Leistung.

DIE GREAT EASTERN WAR IHRER ZEIT WEIT VORAUS

Dieses gigantische Schiff beeindruckte sogar einen Mann, in dessen technisch-wissenschaftlichen Visionen alles möglich schien. Jules Verne, der 1828 geborene französische Schriftsteller, buchte gemeinsam mit seinem Bruder eigens eine Passage von Liverpool nach New York, um den Passagierdampfer GREAT EASTERN kennen zu lernen. Ein Schiff, das fünfmal größer war als die üblichen Schiffe jener Zeit und damit um ein halbes Jahrhundert voraus.

Während die größten Schiffe zur Mitte des 19. Jahrhunderts mit etwa 3.500 Bruttoregistertonnen (BRT) vermessen waren, erreichte die GREAT EASTERN 18.914 BRT. Es wäre im Vergleich mit Schiffsgrößen unserer Zeit so, als würde plötzlich eines mit fast zwei Kilometer Länge in Dienst gestellt.

Jules Verne war im Reederviertel der französischen Hafenstadt Nantes aufgewachsen und begeisterte sich dafür,

Die GREAT EASTERN übertraf alle Schiffe ihrer Epoche. Konstrukteur Brunel (vorn mit Zylinder) ließ sich gern vor dem Schiffsgiganten fotografieren.

Bei einer Probefahrt in der Irischen See explodierte ein Kessel. Es dauerte lange, bis die Schäden in der Werft repariert waren. Bei dem Unfall gab es mehrere Todesopfer.

was mit Technik und Ingenieurkunst seinerzeit alles machbar schien.

Er war einer jener Jungen, die von zu Hause ausrissen, um auf ein Schiff zu gehen, doch wurde er gefasst und wieder in sein Elternhaus zurückgebracht.

Für die GREAT EASTERN begeisterte Verne sich, als wäre das Schiff seiner eigenen Phantasie entsprungen. Als wäre es eines jener technischen Wunderwerke, die er in seinen Romanen schilderte und die seinen Zeitgenossen so phantastisch erschienen, von denen etliche jedoch in späterer Zeit Realität wurden: »Man kann diesen Dampfer kaum noch ein Schiff nennen; es ist wohl mehr eine schwimmende Stadt, ein Stück Grafschaft, das sich von englischem Grund und Boden loslöst, um nach einer Fahrt über das Meer mit dem amerikanischen Festlande zusammenzuwachsen. Ich stellte mir vor, wie diese ungeheure Masse auf den Fluthen einhergleiten müsste, wie sie mit den ihr gegenüber machtlosen Winden ringen würde, wie kühn durfte solch ein Schiff die Wogen an sich abprallen lassen, wie indifferent bleiben inmitten des Elementes, das einen WARRIOR und einen SOLFERINO wie Schaluppen

auf- und niederschwanken ließ. Auf all diese Eindrücke hatte mich meine Einbildungskraft vorbereitet, und all dies und noch vieles Anderes, was nicht mehr in das seemännische Fach gehört, sah ich während meiner Fahrt.«

Als Folge seiner Begeisterung schrieb er über das Schiff einen Roman, der 1871 unter dem Titel »Die schwimmende Stadt« erschien. Geschrieben war er in der Ich-Form und im Stil eines Reisetagebuches, das selbstverständlich eine leidenschaftliche Liebesgeschichte enthielt, aber auch die Technik des Schiffes mit Sachverstand schildert. Da seine eigene Überfahrt, die am 26. Mai 1867 in Liverpool begann, ereignislos verlief, er jedoch das technische Abenteuer aus dem gesamten Dasein des Schiffes schildern wollte, fasste er romanhaft zusammen, was er aus Berichten der Seeleute an Bord erfahren hatte.

Nachdem es 1838 dem Dampfer SAVANNAH erstmals gelungen war, den Nordatlantik in 19 Tagen zu überqueren, folgte die GREAT WESTERN, die nur 15 Tage und fünf Stunden benötigt hatte. Dieses 71,90 Meter lange Schiff war von dem Ingenieur Isambard Kingdom Brunel gebaut worden, einem gebürtigen Engländer, der sich als Inge-

nieur und Konstrukteur von Brücken und ganzen Eisenbahn-
anlagen einen Namen gemacht hatte. Das Schiff zählte
zu den größten seiner Zeit und war aus der Überlegung
konstruiert worden, dass ein Dampfer einfach nur groß
genug sein müsste, um neben Ladung und Passagieren
auch noch die benötigte Menge an Kesselwasser und Kohlen mitzunehmen. Dann wären Atlantiküberquerungen
durchaus möglich. Tatsächlich wurde die GREAT WES-
TERN ein Erfolg. Ihr folgte als nächstgrößeres Schiff die
98,10 Meter lange GREAT BRITAIN, in die Brunel Erfahrungen aus dem Bau der vorangegangenen einfließen ließ.
Sie kann noch heute in einem Dock von Bristol besichtigt werden. Es ist das erste Schiff, das in seiner Technik

den heutigen Seeschiffen entspricht. Es war aus Eisen und
Stahl gebaut, hatte einen Maschinenantrieb mit Propeller, wasserdichte Abteilungen und einen Doppelboden.

Fahrten mit Dampfern zwischen Europa und Amerika
waren schon keine Sensation mehr, als um 1850 in Australien Gold gefunden wurde. Damit wuchs der Auswandererstrom auf den fünften Kontinent an, der bis dahin
oft nur von Sträflingen kolonisiert worden war. Wegen der
großen Entfernung schien Australien aber zu jener Zeit
für Dampfer tatsächlich unerreichbar. So viel Platz für
Kohle, wie sie für eine so lange Fahrt gebunkert werden
musste, hatte kein Schiff, lautete die landläufige Meinung.
Diese Überzeugung teilte Isambard Kingdom Brunel je-

Es gab viele spöttische Karikaturen von Zeitgenossen über das Riesen-schiff. Diese hier schlägt vor, es zu einem Vergnügungspark zu machen.

Die Innenausstattung eines so großen Schiffes konnte großzügig gestaltet werden. Bis dahin erwartete Passagiere auf Schiffen nur Enge.

doch nicht. Er war mittlerweile Leitender Ingenieur der Eastern Steam Ship Company geworden. Aus der logischen Schlussfolgerung, dann müsse ein solcher Dampfer eben nur groß genug sein, um ausreichend Bunkerkapazitäten zu bieten, reiften in ihm Pläne für ein noch nie dagewesenes Schiff.

Partner für den Bau sollte Scott Russell werden, der bekannteste Schiffbauer jener Zeit. Zum Bauort bestimmten die beiden Männer seine Werft in Milwell auf der Isle of Dogs. Russell war zu dieser Zeit schon in finanziellen Schwierigkeiten, was Brunel jedoch nicht wusste.

Brunel plant im großen Stil. Drei Jahre benötigen die 2.000 Arbeiter, um die 30.000 vorgeformten und durch-

nummerierten Eisenplatten aneinder zu fügen, von denen jede eine dreiviertel Tonne wog. Dafür benötigen sie drei Millionen Niete. Der Materialbedarf für das Schiff überstieg alle bis dahin realisierten Industrievorhaben und ließ die Preise für Eisen auf dem Weltmarkt klettern.

Die Laderäume sollten Platz für 6.000 Tonnen Ladung bieten, in den Kabinen könnten 4.000 Passagiere untergebracht werden. In den Kohlebunkern war genug Platz, um ausreichend Feuerungsmaterial für eine komplette Erdumrundung zu bunkern.

Angetrieben wurde das Schiff von zwei Maschinenanlagen, die zusammen 8.200 PS leisteten. Nach einem zeitgenössischen Vergleich erzeugten die zehn Kessel so viel

Die GREAT EASTERN kurz vor dem missglückten Stapellauf. Von der Mannschaft verlangte das Schiff stets vollen Einsatz all ihres Wissens und ihrer Kräfte.

Dampf, wie sämtliche Bauwollspinnereien Manchesters zusammengenommen. Der Rauch der Kesselfeuer zog über fünf Schornsteine ab, zwischen denen auch noch sechs Masten standen, damit 5.100 Quadratmeter Segel gesetzt werden konnten. Voll beladen würde die GREAT EASTERN schwerer sein als alle 197 Schiffe der spanischen Armada zusammengenommen, die im 16. Jahrhundert England erobern wollte.

Für den Antrieb wählte Brunel einen Heckpropeller von 7,30 Meter Durchmesser und zwei Schaufelräder von je 17 Metern. Damit die dafür benötigte Kurbelwelle geschmiedet werden konnte, war es notwendig, zuvor einen ausreichend großen Dampfhammer zu konstruieren und zu bauen.

Die konstruktiven Details finden noch heute fachliche Anerkennung. Eike Lehmann, ehemaliges Vorstandsmitglied der deutschen Klassifikationsgesellschaft Germanischer Lloyd und emeritierter Professor im Institut für Konstruktion und Festigkeit von Schiffen an der Technischen Universität Hamburg-Harburg: »Interessanterweise haben Brunel und Scott Russell bei diesem Schiff einen erstaunlichen Grad an Standardisierung verwirklicht, wie er heute im allgemeinen noch nicht erreicht ist. Im gesamten Schiff befanden sich nur zwei Größen von Winkeleisen und zwei Plattendicken von 1 = 25.4 mm und 3/4 = 19.1 mm. Dass eine weitestgehende wasserdichte Unterteilung das Schiff auch nach unseren heutigen Maßstäben überaus sicher gemacht hat, hat das Schiff dann später, trotz einer Reihe von Unfällen, bewiesen.«

Lehmann weiter: »Obwohl Brunel über keinerlei theoretische Kenntnisse der Längsfestigkeit eines so großen Schiffes verfügte, gelang ihm ein Entwurf, der allen Festigkeitsansprüchen voll entsprach. Antriebstechnisch stand er in der Zeit begrenzter Leistungen, so dass so die merkwürdige Aufteilung in sowohl Rad- als

auch Propellerantrieb einschließlich einer Notbesegelung zu erklären ist. Die Schiffsform stammte von Scott Russell, der mit seiner sogenannten ›wave line theory‹ beachtliche Aufmerksamkeit bei seinen Zeitgenossen erworben hat. Die relativ runde Hauptspantform ohne Schlingerkiele mag widerstandsmäßig gute Ergebnisse gebracht haben. Das Seegangsverhalten, insbesondere das Rollen, wurde aber sehr ungünstig durch diese Form beeinflusst, so dass die Menschen sich auf dem großen Schiff weniger wohl gefühlt haben, als auf wesentlich kleineren und eventuell auch weniger luxuriösen Schiffen der Zeit.«

Der Vorsteven des Schiffes ragt
hoch über die Werftarbeiter auf.
Erst ein halbes Jahrhundert später
wurden wieder so große Schiffe
gebaut.

Wenig später gab es Streit zwischen Brunel und Russell. Der Ingenieur beschuldigte den Schiffbauer, Stahl beiseite geschafft zu haben, der für das Großprojekt bestimmt war, um damit eigene Schulden zu begleichen. In der Folge mussten die Bauarbeiten eingestellt werden, ein Bankkonsortium übernahm Schiff und Werft. Die Geldgeber ließen nun Brunel das Schiff in dessen alleiniger Verantwortung weiterbauen.

Getauft wurde der Neubau zum ersten Mal auf den Namen LEVIATHAN, nach jenem biblischen Ungeheuer, das im Alten Testament erwähnt ist; ein riesenhaftes Tier, das Menschen nicht bezwingen können. So unbezwinglich zeigte sich das Schiff tatsächlich am 3. November 1857, dem Tag des Stapellaufes. Nachdem die Stopper auf den Helgen weggeschlagen wurden und die Schlepper anzogen, setzte sich der Rumpf in Bewegung. Erst glitt er unmerklich, dann immer schneller, die Kettenwinden konnten das schwere Schiff schließlich nicht mehr abbremsen. Da gab der Untergrund unter dem Gewicht der 32.000 Tonnen nach, der Rumpf kam zum Stehen. Ein Arbeiter wurde von einer brechenden Kette erschlagen.

Ein Gerücht machte die Runde: Angeblich sollte das Schiff versehentlich mit Wasser anstelle von Champagner getauft worden sein. Abergläubische Menschen raunten von einem Unglücksschiff, angeblich sollten während der Arbeiten auch ein Nieter und sein Gehilfe unter ungeklärten Umständen spurlos verschwunden sein.

Erst am 31. Januar 1858 gelang es, den Rumpf mit Hilfe hydraulischer Pumpen zu Wasser zu bringen. Allein die Kosten für den missglückten Stapellauf beliefen sich auf 120.000 britische Pfund.

Während der Ausbau des Schiffes vollendet wurde, reiste Brunel mit seiner Familie nach Ägypten, um sich von den Strapazen des Stapellaufs zu erholen. Als er zurückkam, war die Eastern Steam Navigation Company pleite, die Kosten des Stapellaufes hatte sie in den Ruin getrieben. Eine neue Gesellschaft, die Great Ship Company, kaufte das noch unfertige Schiff für 800.000 Dollar. Sie wollte es gewissermaßen als Atlantikfähre auf der Nordamerikaroute einsetzen.

Die Unglücksserie riss jedoch nicht ab, es brach auch noch ein großer Brand aus, Arbeiter verunglückten. Um die Unglücksserie abzuwenden, die immer mehr Abergläubische mit dem herausfordernden Namen LEVIATHAN in Zusammenhang brachten, entschied man sich für eine Umbenennung. Das Schiff sollte nun unter dem Namen GREAT EASTERN in Fahrt kommen.

Am 6. September 1859 lief die GREAT EASTERN zur Probefahrt nach Holyhead an der Irischen See aus. Drei Tage später explodierte ein Kessel, einer der glühend hei-

ßen Schornsteine stürzte an Deck und erschlug mehrere Arbeiter. Die Unglücksserie war zu viel für Brunel, er erlitt einen Schlaganfall, von dem er sich nicht mehr erholte. Wenige Tage später, am 15. September, starb er im Alter von 53 Jahren. Die weiteren Unglücksfälle hat er nicht mehr miterlebt.

Während der Reparaturarbeiten in Holyhead fegte ein verheerender Sturm über die Werft. Das Schiff riss sich los und trieb manövrierunfähig durch den Hafen. Außen hielt der Rumpf stand, im Innern entstanden aber schwere Schäden, auch der gerade reparierte Speisesaal wurde in Mitleidenschaft gezogen.

Wenige Wochen später wurde Kapitän Harrison bei einem Bootsmanöver vom Rumpf seines Riesenschiffes zerquetscht.

Sie waren die Partner beim Bau des Schiffes: Isambard Kingdom Brunel (links) und Scott Russell. Später zerstritten sie sich. Brunel bezichtigte seinen Partner, Material veruntreut zu haben.

Am 17. Juni lief die GREAT EASTERN von Southampton zu ihrer Jungfernfahrt aus. Nach nur elf Tagen erreichte sie Sandy Hook an der Einfahrt zum Hafen von New York. Zeitungen meldeten in Extrablättern die Ankunft des Schiffsriesen, die ihnen von Beobachtungsposten an der Küste per Telegraf gemeldet worden war. Als er sich den Hafenbecken am Hudson näherte, drängten sich an den

Piers am Südende Manhattans so viele Neugierige, dass einige fast ins Wasser gestoßen wurden. Jeder wollte das schwimmende Wunder sehen. Aber es war nicht nur ein erhebendes Schauspiel, die Unglücksserie riss auch hier nicht ab. Beim Anlegen an der Westside rammte die GREAT EASTERN die Pier, ein Schaufelrad ging dabei zu Bruch.

Ein wirtschaftlicher Erfolg zeichnete sich nicht ab. Für die Rückfahrt nach Europa lagen kaum Buchungen vor. Also versuchten die Eigner etwas Geld in die Kassen zu bekommen, indem sie Eintrittskarten für die Besichtigung des Schiffes verkauften. Außerdem schickten sie die GREAT EASTERN auf Vorführungsfahrten und Kurzreisen entlang der amerikanischen Ostküste. Auch in all diesen Häfen durften Neugierige gegen Eintrittsgeld an Bord.

Während einer dieser Kurzreisen geschah vor Philadelphia das nächste Unglück. Ein Rohrbruch überschwemmte das Proviantdepot und alle Lebensmittel verdarben. Aber es kam noch schlimmer. Das Schiff trieb als Folge eines Navigationsfehlers 160 Meilen weit auf die See. So gab es während dieser Irrfahrt weder für die Besatzung noch für die Passagiere etwas zu essen und – außer Spirituosen – kaum etwas zu trinken.

Nach dieser Panne, die von den Zeitungen entsprechend ausgeschlachtet wurde, blieben in den nächsten Häfen auch die Interessenten für Küstenfahrten aus. Zwei Monate später, im September 1860, musste die GREAT EASTERN wohl oder übel zurück nach England dampfen.

Die nächste Chance, mit dem Schiff doch noch Geld zu verdienen, sah das Management im nordamerikanischen Bürgerkrieg, denn das britische Kriegsministerium wollte seine Truppen in Kanada verstärken, um Übergriffe der kriegführenden Parteien auf die britische Kolonie zu verhindern. Die GREAT EASTERN, die gerade mit 194 Passagieren und 5.000 Tonnen Prärieweizen aus New York zurückgekehrt war, wurde also als Truppentransporter verchartert und zuvor ihrer Luxusausstattung beraubt. Doch der Chartervertrag wurde nicht verlängert, die Hoffnung der Aktionäre auf eine längerfristige Beschäftigung des glücklosen Schiffes blieb unerfüllt.

Also ließen sie es zum alten Luxusdampfer zurückbauen. Bei der nächsten Amerikareise kauften immerhin 400 Passagiere ein Ticket. Doch kaum war das Schiff am 10. September 1861 aus Liverpool ausgelaufen, kam ei-

ner der fürchterlichsten Atlantikstürme des Jahrhunderts auf, wie Augenzeugen später berichteten. Dem Schiff konnte er zwar wenig anhaben, aber schon am ersten Tag musste der Schiffsarzt 27 Knochenbrüche richten.

Die vierte Reise nach New York, fast ein Jahr später, stand ebenfalls unter einem schlechten Stern. Bei Montauk Point schrammte die GREAT EASTERN am 27. August 1862 über eine Untiefe. In Manhattan ließ Kapitän Walter Paton, mittlerweile der fünfte Kommandant des Schiffes, den Rumpf inspizieren. Der Taucher meldete einen 26 Meter langen Riss in der Außenhaut.

Angesichts des schlechten Rufes, den das Schiff nun nicht mehr loswurde, schlugen Geschäftsleute aus Frankfurt vor, die GREAT EASTERN in einer europaweiten Lotterie zu verlosen. Stattdessen wurde sie auf einer Auktion an der Baumwollbörse von Liverpool versteigert. Bei 25.000 Pfund erhielt Cyrus W. Fields den Zuschlag.

Der amerikanische Industrielle, der 1865 das erste Telegrafenkabel zwischen Irland und Neufundland gelegt hatte, kannte die GREAT EASTERN von einer der missglückten Tagesfahrten vor Philadelphia. Dieses Riesenschiff erschien ihm groß genug, um ein Telegrafenkabel aufzunehmen, das Europa und Amerika miteinander verbinden sollte. Es war bereits sein zweiter Versuch, eine dauerhafte telegrafische Verbindung unter dem Atlantik herzustellen. Daraus wurde dann die erste Reise der GREAT EASTERN, die wirklich als Erfolg verbucht werden konnte.

Denn die GREAT EASTERN konnte in ihren riesigen Laderäumen 3.200 Kilometer Kabel aufnehmen. Mit ihrem kombinierten Antrieb aus Seitenrädern und Propeller hatte sie

Die Perspektive der Zeichnung lässt erahnen, wie das große Schiff auf die Zeitgenossen wirkte. Während der Zeit vor der amerikanischen Ostküste unternahm die GREAT EASTERN auch kurze Tagesfahrten.

auch genau die Manövriereigenschaften, die für einen solchen Auftrag notwendig waren. Sie konnte sich drehen und zudem zentimetergenau vorwärts und rückwärts fahren. So, wie es für die Verlegung des Kabels notwendig war. Zwar fielen unterwegs viermal unterschiedliche Geräte zur Verlegung des Kabels aus, in einem Fall sank es mehr als drei Kilometer in die Tiefe. Doch es konnte wieder aufgefischt werden, und am 28. Juli 1866 brachte die GREAT EASTERN das Kabel in Neufundland an Land. Die erste direkte Kabelverbindung zwischen Europa und Amerika war hergestellt.

In den nächsten acht Jahren verlegte sie fünf weitere Kabel über lange Strecken, vier davon durch den Atlantik und eines durch den Indischen Ozean, das Aden mit Bombay verband.

Nach dieser Ehrenrettung sollte das Schiff noch einmal in alter Pracht wiedererstehen. Abdul Asis, der türkische Sultan, wollte den Dampfer angeblich zu einem schwimmenden Harem ausbauen. Doch dazu kam es nicht mehr. 1886 wurde der Gigant erneut und zum ersten Mal mit Gewinn versteigert, er tauchte vor Greenock und Dublin auf. Seine Ausmaße scheinen die Abwracker jedoch über-

fordert zu haben. Im August des Jahres 1888 wurde das Schiff deshalb erneut auf Abbruch verkauft und nach Liverpool gebracht. Das Abwracken begann im Januar 1889 und dauerte 18 Monate. Doch auch die Abwracker holten aus dem Schiff keinen Profit mehr heraus. Die Versteigerung von Mobiliar und Einzelteilen brachte zu wenig ein. Und weil Schneidbrenner noch nicht erfunden waren, mussten alle Niete von Hand gesprengt werden. Diese Kosten waren so hoch, dass sie von dem Verkauf des Altmetalls kaum aufgewogen wurden.

Beliebt ist die Erzählung, beim Abwracken seien im Hohlraum der doppelten Rumpfwand die Skelette von zwei Arbeitern gefunden worden. Es seien die vermissten Nieter gewesen, die seinerzeit beim Bau des Schiffes versehentlich zwischen den Stahlplatten eingeschlossen worden waren und deren Hilfeschreie und Klopfzeichen in dem Inferno aus Hunderten von Niethämmern niemand gehört hätte. Abergläubischen Menschen, und davon gibt es in jeder Küstenregion der Erde unzählige, war sofort klar, sie hätten die Unglückssträhne des Schiffes verursacht. Und so hält sich die Erzählung bis heute, auch wenn es dafür keinen historischen Beleg gibt.

Wirtschaftlich am erfolgreichsten fuhr die GREAT EASTERN während der Zeit als Kabelleger. Stets lag ein Draggen bereit, um verloren gegangene Kabelteile wieder auffischen zu können.

TITANIC – DAS ENDE DES »UNSINKBAREN« SCHIFFES

Keine Schiffskatastrophe hat die Menschen jemals so bewegt und bewegt sie bis heute, wie das Ende des größten Schiffes seiner Zeit, der TITANIC am 14. April 1912 an einem Eisberg. Um zu verstehen, weshalb gerade dieser Untergang die Menschen so sehr aufgerüttelt hat und weshalb er so sehr symbolisch ausgedeutet wurde, muss man die Zeit verstehen, in der das Unglück geschah.

England war wegen seiner Insellage weitgehend von den politischen Wirren verschont geblieben, die das übrige Europa des ausgehenden 18. und der ersten Hälfte des 19. Jahrhunderts zerrissen hatte. Damit war das Land in

Auf dem Helgen der Belfaster Werft wirkte die TITANIC wegen ihrer Größe beeindruckend. Sie wurde nach dem Stapellauf am Werftkai fertig ausgerüstet.

der Lage, nach und nach in kleinen Schritten soziale Reformen durchzuführen. Erfindergeist und Kohlereichtum hatten es Großbritannien in dieser glücklichen Situation ermöglicht, von Wissenschaft und Technik mehr zu profitieren als jedes andere Land der Erde.

Dampfmaschinen hatten bereits in den vierziger Jahren des 19. Jahrhunderts Englands Industriebetriebe verändert. Telefone revolutionierten die Kommunikation, Kraftwerke lieferten elektrisches Licht, das es erlaubte, in den Fabriken nachts durchzuarbeiten und damit einen bis dahin unvorstellbaren Güterausstoß zu erreichen. Jede Art von Wachstum schien grenzenlos zu sein. Die Menschen der Zeit begeisterten sich dafür. Sie erfasste ein Taumel, den kritische Beobachter der Zeit als einen Optimismus von kindlicher Naivität, aber mit sehr erwachsener Entschlossenheit definierten. Nur wenige dachten daran, dass dem Wachstum von der Natur Grenzen gesetzt sein könnten.

Prospekte mit farbigen Abbildungen warben für das komfortable Reisen mit Schwimmbädern und gemütlichen Kabinen.

Auch jenseits des Atlantiks, in Amerika, herrschte eine ähnliche Aufbruchstimmung. Die Menschen waren weiter nach Westen vorgestoßen und hatten zusätzliche Ge-

biete wie Hawaii, die Philippinen und Puerto Rico annektiert. Damit schwollen die den Vereinigten Staaten zur Verfügung stehenden Naturschätze auf das Zehnfache an und die Industrialisierung des Landes eilte mit Riesenschritten voran. Eisenbahnlinien zogen sich quer durch den Kontinent, eine Eisen- und Stahlindustrie entstand

und in den rasch wachsenden Städten schossen fast über Nacht gigantische Industriebetriebe aus dem Boden.

Die Gesetzgebung und das Fehlen einer Einkommensbesteuerung begünstigten die Ansammlung von Riesenvermögen in Privathand. 1861 hatte es in den Vereinigten Staaten nur drei Millionäre gegeben – um die Jahrhundertwende waren es mehr als 3.800. Diese sogenannten Industriekapitäne überflügelten mit ihren Vermögen mühelos ihre europäischen Konkurrenten. Viel lag ihnen daran, sich mit den Statussymbolen der Alten Welt zu umgeben. Sie errichteten prunkvolle Paläste und durchstöberten das alte Europa nach Kunstschätzen, um ihre Wohnsitze in der Neuen Welt entsprechend ausstatten zu können.

Aber es gab auch warnende Stimmen.

Der britische Historiker Thomas Carlyle verdammte das »Evangelium Mammons«, dessen einzige Hölle darin bestand, »nicht genug Geld zu scheffeln«. In seinen Schriften trat er für einen sozialen Idealismus ein, in dem die Würde des einzelnen Menschen gewahrt wurde, und bekämpfte den Materialismus. Der britische Dichter und Kulturkritiker Matthew Arnold versuchte, den viktorianischen Traum zu analysieren: »Das Ideal des Menschen ist es, sich endlos zu erweitern, seine Kräfte und Fähigkeiten endlos zu steigern, endlos an Weisheit und Schönheit zuzunehmen.« Aber diese Ausweitung, so mahnte er, dürfe nicht nur nach außen, sondern müsse auch nach innen gehen. Als bedrohlichste Gefahren unserer Zeit bezeichnete Arnold das blinde Vertrauen in die Möglichkeit einer grenzenlosen Ausweitung nach außen und die Maschinengläubigkeit. Und der amerikanische Mississippilotse und Schriftsteller Mark Twain meinte, aus dem Goldenen Zeitalter sei ein »Vergoldetes Zeitalter« geworden, geprägt durch Geldsucht und lächerlichen Pomp, durch die Jagd nach Erfolg um jeden Preis.

Vor diesem Hintergrund wuchs auf Helling 3 der Belfaster Werft Harland & Wolff das zweite von zwei spektakulären Schiffen empor, die sich sehr ähnelten. Ein zeitgenössischer Beobachter notierte:

»Monatelang hatte dieses monströse Eisengebilde nicht die mindeste Ähnlichkeit mit einem Schiff. Man hatte eher den Eindruck, als ob hier Eisengerüste für ein halbes Dutzend Kathedralen aneinandergereiht wären …

Endlich begann das Gerippe innerhalb des Gerüstes Gestalt anzunehmen – ein atemberaubender Anblick. Es war die Gestalt eines Schiffes, eines so unvorstellbaren Schiffes, das es alle Häuser überragte und selbst die Berge an der Küste klein erscheinen ließ …

Es hatte ein Ruder von der Höhe eines Riesenbaumes, Lager für Wellen und für Schrauben von Windmühlenformat – alles war von erdrückender Größe. Und unter den

R.M.S. TITANIC.

Die TITANIC in voller Fahrt. Eine Zeitungsanzeige warb für die Rückfahrt des Schiffes von New York nach Europa, die am 20. April beginnen sollte. Doch in den USA kam das Schiff gar nicht mehr an.

eisernen Bodenplatten lagen Männer auf Beton und Eichenbeplankung, sie stützten den Rumpf mit großen Schlitten aus Holz und Eisen sowie Ablaufbahnen aus Pechkieferstämmen, die das Monstrum beim Stapellauf tragen sollten. Auf jedem Quadratzentimeter der Helling lastete ein Druck von mehr als 800 Kilogramm. Zwanzig Tonnen Talg wurden auf den Ablaufbahnen verteilt, damit der Schiffsrumpf zu gegebener Zeit das feste Land verlassen und sich anschicken konnte, sein Element, das Wasser, zu erobern.«

Vor dem riesigen Stahlgerüst der Werft Harland & Wolff verkündete ein kleines schwarzes Schild in einfachen weißen Buchstaben:

**White Star
Royal Mail Steamer TITANIC**

Dieser größte und prächtigste Luxusliner war also nicht einfach nur ein Schiff, er war zugleich ein Symbol seiner Zeit.

Der Nordatlantikverkehr war längst zum Big Business geworden. Hinter den Reisen steckte nicht nur pure Notwendigkeit. Nordatlantik-Überquerungen waren für Wirtschaftskapitäne und die zu allen Zeiten nomadisierende High Society zu einem Muss geworden. Der einst als schrecklichstes aller Meere bezeichnete Atlantische Ozean war zu einem ganz normalen Verkehrsweg geworden,

auf dem man fast ebenso schnell, sicher und weit angenehmer reisen konnte wie auf dem festen Land.

Die Geschäftsbeziehung zwischen der Belfaster Werft Harland & Wolff und der Liverpooler Reederei Ismay & Imrie Company (White Star Line) war eng. Die Werft hatte sich vertraglich verpflichtet, nicht für Konkurrenten der White Star zu arbeiten. Im Gegenzug vergab die White Star keine Aufträge an Konkurrenzwerften von Harland & Wolff. Aus dieser Zusammenarbeit entstand die 1871 in Dienst gestellte OCEANIC. Sie war nicht nur Vorbild für weitere White-Star-Liner, sondern beeinflusste auch die Bauten anderer Reedereien. Der stets auf die Bequemlichkeit seiner Kunden bedachte Thomas Ismay hatte erkannt, dass Menschen sich um so weniger vor dem Meer fürchten und um so weniger unter den unangenehmen Begleiterscheinungen einer Seereise leiden, je mehr sie sich auf einem Schiff zu Hause fühlen. Deshalb hatte er auf der OCEANIC die gesamten Einrichtungen Erster Klasse und auch den beliebten Hauptsalon, die sich bislang im Achterschiff befunden hatten, von achtern nach mittschiffs verlegt, wo sich die durch die Schiffsschraube hervorgerufene Vibration am wenigsten bemerkbar machte. Ferner ließ er die Dächer der Deckshäuser seitlich verbreitern und gewann so überdachte Gänge, auf denen die Passagiere promenieren konnten – man bezeichnete sie deshalb auch als Promenadendecks.

Harland & Wolff galt in jener Zeit als die teuerste, aber auch gewissenhafteste Werft Europas. Die Löhne der An-

Gewaltig wirkten die Zylinder der Dampfmaschine. Sie hatten jeweils 2,46 Meter Durchmesser. Die gesamte Maschinenanlage leistete 46.000 PS.

gestellten und Arbeiter waren hoch, und entsprechend gefragt waren die Arbeitsplätze, wie eine lange Warteliste für Bewerber zeigte. Die Werft arbeitete nur mit wenigen Fremdfirmen zusammen, sie stellte fast alles in eigenen Abteilungen her.

Von Sir Edward Harland stammt auch der Entwurf für langgestreckte, stromlinienförmige Schiffsrümpfe, wie sie für Passagierdampfer charakteristisch wurden. Sir Edward Harland starb 1895, Thomas Ismay 1899. Die White Star Line übernahm Ismays 38-jähriger Sohn Bruce, der schon lange in dem Familienbetrieb mitgearbeitet hatte. Aufsichtsratsvorsitzender von Harland & Wolff wurde Lord W. J. Pirrie, der sich vom Kesselmacher zum Baronet hochgearbeitet hatte.

Das Auftauchen der deutschen Reedereien Norddeutscher Lloyd und die Hamburg-Amerika- Linie als Konkurrenten auf den Transatlantiklinien zeigte Auswirkungen auf die amerikanischen Reedereien. Da gleichzeitig der Auswandererstrom abebbte, waren 1901 alle größeren Reedereien der USA in ernsthaften Schwierigkeiten.

Die Folge war ein ruinöser Preiskrieg. Obendrein buchten immer mehr neureiche Touristen – hauptsächlich Amerikaner – die Atlantikroute. Sie wünschten nicht nur schnelle, sondern auch immer luxuriösere Schiffe. Damit schnellten die Kapitalinvestitionen für den Bau neuer Schiffe in die Höhe.

In dieser Situation griff der amerikanische Bankier J. Pierpont Morgan in das Geschehen ein. Er besaß bereits ame-

rikanische Eisenbahn-, Kohle- und Stahlgesellschaften und wollte nun auch Reedereien aufkaufen. Sein Plan war es, den Preiskrieg ganz einfach dadurch zu beenden, dass er durch Übernahmen der europäischen Reedereien die lästige Konkurrenz ausschaltete, um dann Preise diktieren zu können, die profitabel waren.

Wie schon im Kapitel über Cunard dargestellt, gelang es dem Unternehmen jedoch, sich der Übernahme mit einem Regierungsdarlehen in Höhe von 2,6 Millionen Pfund zu entziehen. Statt sich also Morgan zu unterwerfen, baute die Reederei die beiden größten Dampfschiffe, die die Welt bis dahin gesehen hatte: LUSITANIA und MAURETANIA.

Anders lief es beim Konkurrenten White Star Line. Morgan, der inzwischen die International Mercantile Marine Co. (IMM) als Trust gegründet hatte, unterbreitete deren Aktionären das Angebot, sie mit dem Zehnfachen der Reedereigewinne des Jahres 1900 auszukaufen. Für die Aktionäre war es verlockend, denn das Jahr war infolge des Burenkrieges für Reedereien außerordentlich gewinnträchtig gewesen. Zugleich versicherte Morgan, trotz amerikanischer Mehrheits-

Die Passagiere machten es sich in den Gesellschaftsräumen bequem oder ruhten sich in ihren komfortablen Kabinen aus, als Schlepper die TITANIC zu ihrer Jungfernfahrt aus dem Hafen geleiteten.

Großzügige Veranden mit Korbmöbeln luden zum Ausruhen oder zu angeregten Gesprächen mit den Mitreisenden ein.

an Seite auf nebeneinander liegenden Hellingen gebaut werden. Auf einem solchen Platz waren bislang drei Liner gebaut worden. Das Fundament wurde durch eine stellenweise bis zu eineinhalb Meter starke Betonauflage verstärkt. Für die Endausrüstung der Schiffe nach dem Stapellauf kaufte Harland & Wolff eigens einen 200-Tonnen-Schwimmkran.

In Fachkreisen fand das neue Unternehmen Bewunderung. Die gestandene englische Zeitschrift The Shipbuilder bezeichnete den Plan als rechtmäßiges Erbe des viktorianischen Traums und schrieb weiter: »Ohne die im vergangenen halben Jahrhundert bei früheren Gelegenheiten gesammelten Erfahrungen wären Planung und Bau zweier so herrlicher Schiffe unmöglich gewesen.«

Vereinzelt gab es aber auch Widerspruch. Zu den bekanntesten und sachkundigsten Gegnern gehörte der Seemann und Schriftsteller Joseph Conrad. Er meinte, der Bau immer größerer Schiffe sei kein Fortschritt; »wenn dem so wäre, dann wäre auch die Elephantiasis, die die Beine eines Menschen wie Baumstämme anschwellen lässt, eine Art Fortschritt, während sie doch in Wirklichkeit nichts anderes ist als eine Krankheit – und eine sehr hässliche Krankheit obendrein.«

Aber auch auf der anderen Seite des Atlantiks erhob man Einwände.

Kein Kai in ganz Amerika war so groß, dass er den beiden Giganten als Liegeplatz dienen konnte. Gegner meinten, es sei merkwürdig, dass man solche Riesenschiffe in Auftrag hat, ohne vorher zu klären, wo sie in Amerika anlegen können. Da die Reeder sich selbst in dieses Dilemma gebracht haben, wäre es wohl das beste, sie auch selbst nach einem Ausweg suchen zu lassen. Konnte man von den New Yorker Steuerzahlern verlangen, auch noch die Kosten dafür zu tragen? Morgan verlangte es und die Piers wurden auf Kosten der Stadt verlängert.

Der erste der beiden Giganten, die OLYMPIC, lief am 31. Mai 1911 zu ihrer Jungfernfahrt nach New York aus. Am selben Tag lief die TITANIC in Belfast vom Stapel. An Bord der OLYMPIC befand sich J. Bruce Ismay. Er machte die Jungfernfahrt einzig zu dem Zweck mit, Mängel und Verbesserungsmöglichkeiten festzustellen.

Mit seinen Verbesserungsvorschlägen wurde die TITANIC tatsächlich eine zur Vollkommenheit gesteigerte OLYMPIC. Sie war nun das größte und luxuriöseste Schiff ihrer Zeit. Was den Betrachter zunächst beeindruckte, war ihre atemberaubende Größe. Die Länge über alles betrug 269 Meter. Mit ihren neun Stahldecks hatte sie die Größe eines elfgeschossigen Hauses. Noch über den Aufbauten erhoben sich vier Schornsteine. Die Spanne vom Kiel bis zu ihrem Oberrand betrug fast 54 Meter. Jeder von ih-

beteiligung würden die Schiffe der White Star Line weiterhin der Royal Navy als Reserve zur Verfügung stehen und könnten im Kriegsfall von ihr übernommen werden.

Perfekt wurde der Handel zwischen Morgan und der White Star Line im Dezember 1902. Bruce Ismay sollte geschäftsführender Direktor und Aufsichtsratsvorsitzender der White Star bleiben.

Um den deutschen Luxuslinern und den schnellen Cunard-Schiffen etwas entgegenzusetzen, die ihnen Passagiere und Ladung abjagten, plante die Reederei, finanziell gestärkt durch den Trust mit den Amerikanern, den Bau von zwei gigantischen Schwesterschiffen, denen später ein drittes folgen sollte. Man wollte die Konkurrenz nicht an Schnelligkeit überbieten, die neuen Schiffe sollten 50 Prozent mehr Tonnage aufweisen als die Cunard-Schwestern LUSITANIA und MAURETANIA und somit weit mehr Fracht und Passagiere aufnehmen können. Damit sollten sie nicht nur wirtschaftlich sein, sondern auch besonders pünktlich fahren und höchste Sicherheit bieten. Obendrein sollten sie den Passagieren Komfort und Eleganz bieten.

Als die Engländer diesen Plan Morgan vorlegten, war er begeistert. Alles, was groß und überragend war, faszinierte ihn.

Zunächst musste man größere Umbauten an der Belfaster Werft vornehmen. Die beiden Schiffe sollten Seite

nen hatte einen Durchmesser von sieben Meter. Darin hätten zwei Lokomotiven nebeneinander hindurchfahren können.

Die stählernen Rumpfplatten wurden von drei Millionen Nieten zusammengehalten, sie allein brachten zusammen ein Gewicht von 1.200 Tonnen auf die Waage.

Und doch wirkte der Gigant nicht schwerfällig oder massig. Die Linienführung war von einer Anmut und Harmonie. Trotz ihres traurigen Schicksals bezeichnet man noch heute bei Harland & Wolff die TITANIC als das schönste Schiff, das je die Werft verlassen hat.

Die Schiffsmaschinen mit ihren mehr als 50.000 PS konnten die mit 46.328 Bruttoregistertonnen vermessene TITANIC auf mehr als 23 Knoten beschleunigen. Der Maschinenraum lieferte zudem Energie für die Klima- und Kühlanlagen, für vier Personenaufzüge, ein Telefonnetz mit 50 Anschlüssen, eine Funkstation, mehrere hundert Kabinenheizungen, einen Turnsaal mit neuesten elektrischen Trimm-dich-Geräten, acht elektrische Lastkräne, die zusammen 18 Tonnen heben konnten, zahlreiche Pumpen, Motoren und Winschen sowie mehrere moderne Küchen mit den elektrischen Küchenmaschinen, Herden und Kühlschränken.

Der Schiffsrumpf war durch 15 stählerne Querschotts in 16 wasserdichte Abteilungen unterteilt. Die Werbung der Reederei betonte, zwei beliebige Abteilungen könnten vollständig unter Wasser stehen, ohne dass die Sicherheit des Schiffes beeinträchtigt würde. Im unwahrscheinlichen Fall eines Wassereinbruchs würden schwere Stahltüren sofort die Schottdurchgänge wasserdicht verschließen. Sie konnten entweder alle gleichzeitig von der Brücke aus elektrisch geschlossen oder auch einzeln betätigt werden.

Die letzten fünf und die ersten zwei wasserdichten Schotts reichten vom Schiffsboden bis zum D-Deck, die mittleren bis zum E-Deck, also bis weit über die Wasserlinie. Für die Durchgänge auf den Passagierdecks hatten die Stewards besondere Schlüssel.

Die Konstruktion faszinierte die Menschen ihrer Zeit so sehr, dass die Zeitschrift The Shipbuilder die TITANIC in einem Artikel als praktisch unsinkbar bezeichnete. Ein Ausdruck, der binnen kurzem überall in der Öffentlichkeit übernommen wurde, wobei man das Wort »praktisch« wegließ und das Schiff allenthalben als unsinkbar bezeichnet wurde. Zu diesem Ruf hatte nicht zuletzt Kapitän Edward J. Smith beigetragen, der einem Reporter auf die Frage nach einer möglichen Schiffskatastrophe erklärte: »Der moderne Schiffbau ist darüber hinausgekommen.« Eine Fehleinschätzung, der er kurze Zeit später selber zum Opfer fiel.

Das erste Auslaufen des Schiffes wurde von dem historischen Bergwerksstreik von 1912 überschattet. Reederei-

en, die den Nordatlantik bedienten, litten als Folge unter Kohlenmangel. Für ihre 159 Feuerungen brauchte die TITANIC täglich 650 Tonnen Kohle. Die White Star Line reagierte darauf, indem sie die OCEANIC und die ADRIATIC, die ebenfalls nach New York auslaufen sollten, zurückhielt und deren Passagiere und Kohlenvorräte auf die TITANIC umlud. Außerdem kaufte die Reederei bereits gebunkerte Kohle von anderen Schiffen auf. Weitere Schiffe, darunter die PHILADELPHIA, verschoben ihren fahrplanmäßigen Auslauftermin. Den Passagieren machte man das Angebot, auf die TITANIC zu wechseln. Manche der Passagiere waren begeistert von der Aussicht, auf dem Riesenschiff mitfahren zu können, während andere mit gemischten Gefühlen umbuchten. Zum einen kostete die Zweite Klasse auf der TITANIC mehr, als sie auf den anderen Schiffen für die Erste Klasse bezahlt hatten. Zum anderen war es manchem nicht recht geheuer, die erste Fahrt eines so ungewöhnlichen und großen Schiffes mitmachen zu sollen. Aber der Zahlmeister beruhigte sie mit den Worten, niemand brauche sich Sorgen zu machen, da die wasserdichten Abteilungen das Schiff für unbegrenzte Zeit über Wasser halten könnten.

Probleme gab es auch mit der Bemannung der TITANIC. Weil die OLYMPIC zur Reparatur in Belfast lag, wurde de-

In einem Sportraum bot sich für die Passagiere Gelegenheit, ihre Fitness zu trainieren.

Die Kabinen Erster Klasse waren im Stil der Belle Époque eingerichtet.

ren Leitender Offizier, H. T. Wilde, auf die TITANIC überstellt. Die Schiffsoffiziere mussten deshalb ihre Aufgaben und Zuständigkeiten kurzfristig neu verteilen. Einige Mitglieder der Besatzung stammten von der OLYMPIC, andere von der OCEANIC, die erheblich kleiner war. Sie fanden sich auf dem Riesenschiff nur mit Mühe zurecht. Der Zweite Offizier Lightoller, der schon seit vielen Jahren zur See fuhr, brauchte volle zwei Wochen, bis er auf dem kürzesten Weg von einer Stelle des Schiffes an eine andere kommen konnte. Weiteres Personal kam von dem Dampfer NEW YORK. Er war noch kleiner als die OCEANIC. Zudem erreichten viele der überstellten Mannschaften erst am Morgen des Auslaufens das neue Schiff, sie hatten also keinerlei Möglichkeit, sich vorher mit den Gegebenheiten an Bord und ihren Aufgaben vertraut zu machen. Ein Passagier bemängelte denn auch, die Schiffsbesatzung sei ein bunt zusammengewürfelter Haufen.

Insgesamt hatte die TITANIC auf ihrer Jungfernfahrt eine Besatzung von 915 Mann. So viele Menschen hätten viele andere Passagierschiffe ihrer Zeit voll ausgebucht.

Ein wichtiger Passagier allerdings fehlte: J. P. Morgan hatte die Jungfernfahrt zwar mitmachen wollen, war aber durch Krankheit verhindert.

In der Ersten Klasse fuhren 337 Passagiere, die meisten von ihnen waren Industriekapitäne, von denen später mal

jemand errechnete, nur ein Dutzend von ihnen repräsentierte ein Kapital von 191 Millionen Dollar. Die Vermögen sämtlicher Erster-Klasse-Passagiere zusammengerechnet wurden auf weit über 500 Millionen Dollar geschätzt.

Die Zweite Klasse war mit 271 Passagieren belegt und in der Dritten Klasse fuhren 712 Passagiere mit. Es waren fast ausschließlich Auswanderer, Engländer, Iren, Franzosen oder Polen.

Zusammen mit der Besatzung hatte die TITANIC 2.235 Menschen an Bord. Außerdem lagerten in ihrem Rumpf 3.435 Postsäcke, 6.000 Tonnen Kohlen, Lebensmittel, die ausgereicht hätten, eine Stadt mehrere Wochen lang zu versorgen, und 900 Tonnen Gepäck sowie »Frachtgut Erster Klasse«. Das waren größtenteils europäische Luxusartikel, die für die Frühjahrsausstellungen New Yorker Geschäfte bestimmt waren, von Diamanten und kostbaren Spitzen bis zu Orchideen und Spitzenweinen.

Als die TITANIC ablegte, herrschten gute Wetterbedingungen. In New York empfahl die Times, sich in wenigen Tagen auf ein Schiff gefasst zu machen, das vier Häuserblöcke lang und aufrecht gestellt beträchtlich höher sei als das 1908 fertiggestellte Singer-Gebäude in Manhattan, das damals mit 187 Metern das größte der Welt war. In der Stadt am Hudson River herrschte also gespannte Erwartung.

Der erste Amerikaner, der am Montag, dem 15. April 1912, erfuhr, dass die TITANIC New York gar nicht mehr erreichen würde, war der Telegrafist in der Funkstation im 18. Stockwerk der New York Times. Seine tägliche Aufgabe war es, alle eingehenden Meldungen aufzuschreiben, den Zettel in eine sogenannte Bombe zu stecken und diese an einer langen Schnur durch einen blechverkleideten Schacht zu den Redaktionsräumen herabzulassen. Bei wichtigen Meldungen musste er heftig an der Schnur ziehen, damit die Redaktion aufmerksam wurde. So laut, wie an diesem Tag um 1.20 Uhr, donnerte die Bombe selten. Auf dem Zettel stand:

»Sonntagnacht, 14. April (AP). Um 22.25 Uhr heute nacht gab der White Star Liner TITANIC CQD an die hiesige Marconistation durch und meldete Kollision mit einem Eisberg. Der Dampfer forderte sofortige Hilfe an.«

CQD war die damalige Seenotmeldung und wurde mit »Come Quick Danger« übersetzt. Marconi war der Erfinder der drahtlosen Telegrafie und hatte das Monopol auf die Technik. Die von seinen Mitarbeitern eingerichteten Funkstationen wurden damals allgemein als Marconistationen bezeichnet.

Eilig änderte die Times ihre Morgenausgabe. Ein Bericht über die Präsidentschaftswahlen wurde von der Titelseite genommen und von der neuen, drei Spalten breiten Schlagzeile ersetzt:

Der Luxus in der Innenausstattung der TITANIC *spiegelt sich auch in dieser Kabine Erster Klasse wider. Doch der Untergang des Schiffes zeigte, dass der Mensch die Natur des Meeres nicht besiegen kann.*

»Neuer Liner TITANIC kollidiert mit Eisberg; Beginnt um Mitternacht über Bug zu sinken; Frauen in Rettungsboote geschafft; Letzter Funkspruch um 0.27 Uhr verstümmelt.«

Die Zeitung druckte auch Auszüge aus der Passagierliste der TITANIC. Sie enthielt illustre Namen. Dazu gehörten Major Archibald Butt, Freund von Präsident Taft und Militärberater des Weißen Hauses; Mr. und Mrs. John Jacob Astor; Mr. und Mrs. Isidor Straus; Mr. Benjamin Guggenheim; Francis Davis Millet, Maler und Präsident der Amerikanischen Adademie in Rom; Charles M. Hayes, Präsident de Grand Trunk Railway; und Bruce Ismay, Aufsichtsratsvorsitzender der White Star Line. Während des ganzen Vormittags druckte man Extrablätter mit weiteren Namen.

Der Titel der nächsten Ausgabe meldete den Untergang der TITANIC. Eine Bestätigung dafür gab es noch nicht, aber Chefredakteur Van Anda zog seine Schlüsse aus der Tatsache, dass seit mehreren Stunden keine Funksprüche mehr aufgefangen worden waren. Es war ein hohes Risiko, denn in der Vergangenheit waren durchaus schon

Schiffe durch Eisberge schwer beschädigt worden, ohne zu sinken. So aber hatte die New York Times einen Vorsprung, den sie während der gesamten Berichterstattung nicht mehr verlieren sollte.

Sie berichtete über das Eintreffen der Überlebenden im Hafen von New York, zeigte Fotos von geborgenen Rettungsbooten, die nun winzig und wie verloren an dem Liegeplatz lagen, an dem eigentlich das Riesenschiff festmachen sollte, und sie berichtete über den Untersuchungsausschuss, den der amerikanische Senat eingerichtet hatte, um Aufklärung darüber zu erhalten, was sich auf dem Dampfer wirklich abgespielt hatte. Der Ausschuss tagte im Waldorf-Astoria-Hotel in New York am 19. April 1912 unter der Leitung von William Alden Smith. Der Saal wurde um neun Uhr morgens geöffnet, nur drei Minuten später waren alle Plätze besetzt. Weitere Neugierige drängten sich auf den Gängen.

Angesichts der Stimmung, die in der Öffentlichkeit herrschte, hatte Smith beschlossen, alle Informationen, die der Ausschuss erhielt, unverzüglich der Öffentlichkeit zugänglich zu machen. Deshalb war der Konferenztisch

Von den Koffern, die am 10. April in Southampton an Bord gebracht worden waren, erreichte keiner mehr sein Ziel.

In New York wurden die Überlebenden der Katastrophe zum Ablauf vernommen. Dabei geriet besonders Reeder Bruce Ismay in die Kritik. Er hatte seine Position genutzt, um sich zu retten.

von Zeitungsreportern umlagert; mit gezückten Notizblöcken drängten sie sich Schulter an Schulter.

Am Tisch hatte bereits Joseph Bruce Ismay Platz genommen, der Präsident der IMM und Geschäftsführer der White Star Line. Neben Ismay saßen sein amerikanischer Vizepräsident P. A. S. Franklin und Charles Lightoller, der Zweite Offizier der TITANIC.

Ein aufgeregtes Raunen ging durch die Menge, als Ismay aufgerufen wurde. Die Öffentlichkeit war der Meinung, er hätte sich feige in eines der Rettungsboote geschlichen, um zu überleben, obgleich der Befehl ausgegeben worden war, Frauen und Kinder zuerst in die Rettungsboote steigen zu lassen. Als mannhaftes Gegenbeispiel wurde der Tod des amerikanischen Milliardärs John Jacob Astor angeführt, der sich von seiner Frau verabschiedete und sie in eines der Rettungsboote steigen ließ. Er selbst trieb später in einer Schwimmweste im eisigen Wasser, war kurz vor dem Erfrieren und wurde dann von 50 Tonnen glühendem Eisen erschlagen. Einer der 24 Meter hohen Schornsteine stürzte beim Untergang des Schiffes ins Wasser und traf den Milliardär. Hätte er nicht den Ring mit einem auffälligen Diamanten am Finger getragen, so wäre es unmöglich gewesen, den rußverschmierten Toten zu identifizieren, der in seiner Schwimmweste hängend im Wasser gefunden wurde.

Vor dem Untersuchungsausschuss wurden mit den Zeugenaussagen dramatische Szenen lebendig. Da war von Rettungsbooten die Rede, die nicht voll besetzt waren, deren Insassen sich aber weigerten, zurückzurudern, um im Wasser treibende Menschen aufzunehmen. Sie fürchteten um ihr eigenes Leben, wenn zu viele Menschen sich in das Boot ziehen wollten. Jack Thayer, der lange im Wasser trieb, sich aber dann doch noch in ein Boot retten konnte, berichtete: »Die nur teilweise besetzten Rettungsboote blieben nur ein paar hundert Meter entfernt auf Distanz; sie sind nie zurückgekehrt. Warum sie es nicht getan haben, ist mir schleierhaft. Wie konnten Menschen es fertigbringen, solche Schreie zu überhören?«

Überlebende berichteten, sie hätten ein Stöhnen aus vielen hundert Kehlen gehört, als die TITANIC unterging, und dann habe Stille geherrscht. Kraftlose Hilferufe wurden immer leiser, immer seltener und verstummten dann ganz.

Es gab Berichte von Besatzungsmitgliedern, die behaupteten, sie könnten mit einem Rettungsboot umgehen, um sich einen Platz zwischen den Frauen und Kindern zu sichern, und die dann unfähig waren zu rudern. Das Verhalten der Schiffsleitung nach der Kollision wurde ebenso kritisiert, wie die unzureichende Alarmierung der Passagiere. Es wurde deutlich, dass sogar noch bei der Rettung Klassenunterschiede gemacht wurden, dass auch kurz vor dem Untergang des Schiffes die Durchgänge von der Dritten Klasse zu den Bootsdecks nicht geöffnet wurden.

Noch während der Untersuchungsausschuss tagte, wurden Hilfsaktionen für die überlebenden Besatzungsmitglieder der TITANIC organisiert, denn die White Star Line hatte die Zahlung der Heuern am 14. April 1912 um zwei Uhr morgens eingestellt. Das war der Zeitpunkt des Untergangs. Nun hatten die Seeleute einen schrecklichen Un-

Englische Pfadfinder sammelten für die Hinterbliebenen der TITANIC-Opfer. Die Lohnzahlungen an die Besatzungsmitglieder wurden mit dem Zeitpunkt des Untergangs eingestellt.

Besonders viele Besatzungsmitglieder kamen aus Southampton. Eine Zeitung druckte ein Foto der Milbank Street, es waren die Häuser derjenigen Familien gekennzeichnet, die Opfer zu beklagen hatten.

tergang überlebt, irrten aber mittellos durch New York, während sich um die überlebenden Passagiere gekümmert wurde. Die Katastrophe der TITANIC führte zu neuen Gesetzen, neuen Bestimmungen zur Sicherheit auf See. William Alden Smith setzte durch, dass Passagierdampfer zukünftig nicht nur mit Quer-, sondern auch mit Längsschotten ausgerüstet sein müssten. Die TITANIC hatte nur Querschotten gehabt. Zum Lenzen der Bilge mussten mehr Pumpen verfügbar sein. Die Rettungseinrichtungen an Bord, wie Schwimmwesten und Boote, mussten für alle Passagiere und Besatzungsmitglieder ausreichend Platz bieten. Zudem sollte jeder Liner zwei Suchscheinwerfer haben. Diese Forderung wurde allerdings von Marineexperten abgelehnt und nicht in das Gesetz aufgenommen. Auf den Passagetickets aller Passagierschiffe wurde künftig die Nummer des Bootes, dem ein Passagier zugewiesen war, direkt aufgedruckt. Auf einem Schild in jeder Kabine wurden die Nummer des Rettungsbootes und der kürzeste Weg dorthin angegeben. Weitere Vorschriften betrafen die Besetzung der Funkräume und die Ausstattung mit Funkgeräten an Bord von Schiffen.

Der Untergang der TITANIC hatte aber auch Auswirkungen bis in die amerikanische Gesellschaft hinein, die gar nichts mit Schifffahrt zu tun hatte.

Ein Beispiel ist die amerikanische Frauenrechtsbewegung der Suffragetten, die just in jenem Jahr formuliert hatte, dass männlicher Schutz für eine Frau stets mit einem Verlust an gesellschaftlicher Freiheit und Integrität bezahlt werden müsse. Dieser Satz stellte sich ganz anders dar, als die Listen der Überlebenden der TITANIC in den Zeitungen erschienen. Sie zeigten deutlich, wie sehr man die Devise »Frauen und Kinder zuerst« befolgt hatte. Volle Gleichheit bedeutete, in Notzeiten ebenso das Leben zu wagen, wie es von Männern erwartet wurde. Es erschien unlogisch, gleichzeitig für die volle Gleichberechtigung der Frauen und für die Rettungsrichtlinien auf der TITANIC einzutreten.

Während dieser Diskussion setzte eine Gruppe von Antisuffragetten ein Zeichen, indem sie »zum immerwährenden Gedenken an männliche Ritterlichkeit« ein Denkmal errichten wollte. Die Geldmittel sollten ausschließlich von Frauen aufgebracht werden, Spenden von Männern wurden nicht angenommen. Jede Frau sollte nur einen einzigen Dollar beisteuern, so dass das Denkmal eine Vielzahl amerikanischer Frauen repräsentierte. Zwei Wochen nach der Katastrophe, am 28. April 1912, stiftete die Frau von Präsident Taft den ersten Dollar und forderte durch einen Appell an die Sparsamkeit der amerikanischen Hausfrauen zu weiteren Spenden auf.

Mehr als 25.000 Frauen spendeten ihren Dollar. Gertrude Vanderbilt Whitney schuf das Denkmal, das in Washington aufgestellt wurde und noch heute beim East Potomac Park zu sehen ist. Es zeigt eine fünfeinhalb Meter hohe Darstellung eines halb bekleideten Mannes, der die Arme kreuzförmig ausstreckt. Die gewaltige Figur steht auf einem über neun Meter hohen Sockel mit der Widmung: »Den tapferen Männern der TITANIC, die ihr Leben hingaben, damit Frauen und Kinder gerettet wurden.« Ferner ist vermerkt, dass das Denkmal »von den Frauen Amerikas« errichtet wurde.

Nach der Titanic-Katastrophe stellte die White Star Line das Schiff Olympic in Dienst. In Zeitungsanzeigen warb sie für die gesteigerte Sicherheit des Neubaus.

Sie sahen einander sehr ähnlich. Die IMPERATOR (oben) war eine Zeit lang das größte Schiff der Welt, bis es von der VATERLAND (rechts) noch übertrumpft wurde.

IMPERATOR UND VATERLAND – DIE RIESENSCHIFFE DER DEUTSCHEN

Der 277 Meter lange Schiffsriese mit dem herausfordernden Namen IMPERATOR lag schon am Ausrüstungskai der Vulcan Werft in Hamburg, er war der Öffentlichkeit als das größte Schiff der Welt angekündigt, da trumpfte die Reederei Cunard auf. Ihre AQUITANIA sollte um gerade mal 30 Zentimeter Länge das deutsche Schiff übertreffen und in Kürze ihren Dienst aufnehmen. Im Verwaltungsgebäude der Hapag, deren Direktor Albert Ballin den Dampfer in Auftrag gegeben hatte, herrschte helle Aufregung. Kaiser Wilhelm II. hatte die ganze Zeit voller

Wohlwollen den Baufortschritt verfolgt, Seine Hoheit hatte sogar eine dringende Bitte geäußert: Man möge doch ein Schiff mit einem so stolzen Namen nicht wie sonst üblich mit einem weiblichen Artikel benennen, sondern in diesem Fall *der* IMPERATOR sagen. Außerdem genoss der Kaiser die Vorfreude, Taufpate des größten Schiffes der Welt zu werden.

Man sann auf schnelle Abhilfe. Die Lösung war eine Galionsfigur, ein mächtiger gekrönter Adler, der eine Weltkugel in den Klauen trug und dessen Schnabel weit über den

Bug hinausragte. So weit, dass der IMPERATOR nun 280 Meter lang war, 2,70 Meter länger als die AQUITANIA.

Getauft wurde das Schiff am 23. Mai 1912. Sechs Wochen zuvor war die TITANIC gesunken, und die Sicherheitsstandards des IMPERATORS wurden nachgerüstet, bevor die Werft ihn an die Reederei ablieferte. Der Neubau sollte nicht nur das größte und luxuriöseste Passagierschiff seiner Zeit werden, sondern auch das sicherste.

Es hatte jedoch schon während der Probefahrt die Neigung gezeigt, in Seegang heftig zu rollen, das Schiff war zu toplastig. So entfernte man nach Schluss der ersten Saison tonnenweise Ausrüstungsteile von den oberen Decks. Die große, schwere Galionsfigur jedoch blieb. Sie ging erst später in einer schweren See vor Cherbourg verloren. Die Reste wurden dann nach Rückkehr des Schiffes unauffällig in Cuxhaven entfernt.

Im Juni 1913 wurde dieser Kaiser des Ozeans in Dienst gestellt und erfüllte Ballins wirtschaftliche Hoffnungen. Allerdings nur ein Jahr lang. Dann brach der Erste Weltkrieg aus, das stolze Schiff wurde in Hamburg aufgelegt. 1919, nachdem die Deutschen den Krieg verloren hatten, wurde es den USA als Reparationsleistung zugesprochen und fuhr ein halbes Jahr lang als Truppentransporter. Dann übernahm es die britische Regierung. 1921 kaufte Cunard das ehemalige deutsche Prunkstück, überholte es vollkommen, stellte den Antrieb von Kohle auf Öl um und setzte das Schiff von 1922 an unter dem Namen BERENGARIA zwischen England und New York ein. 1938 wurde es zum Abwracken verkauft.

Insgesamt wollte Albert Ballin drei große Ozeanliner dieser Größenordnung in Dienst stellen, die inzwischen Imperator-Klasse genannt wurde. Das nächste wurde die

Beeindruckend sind die genieteten Stahlplatten in der Rumpfwand der VATERLAND, an denen vorbei der Lotse aufentert.

Am Steubenhöft in Cuxhaven übernahm die VATERLAND noch Passagiere, bevor sie den Nordatlantik überquerte.

VATERLAND, die mit 54.282 BRT vermessen war und damit den 52.117 Bruttoregistertonnen großen IMPERATOR noch übertraf.

Mit der Vergabe des Bauauftrags von drei Schnelldampfern mit drei Schornsteinen, die man in Deutschland auch Ballins dicke Dampfer nannte, reagierte der Hapag-Direktor auf die steil gestiegenen Passagierzahlen jener Zeit bei Passagen zwischen der Alten und der Neuen Welt. Größere Schiffe sind im Vergleich zu kleineren wirtschaftlicher im Betrieb. Das gilt noch heute. Eine damals schon bekannte Faustregel besagte, dass doppelt so große Schiffe bei gleicher Geschwindigkeit nur 58 Prozent mehr Antriebskraft benötigten.

Außerdem boten die großen Schiffe weitere Vorteile für die Passagiere. Die dicken Dampfer verhielten sich komfortabler bei Wind und Seegang, außerdem ließen sich auf solchen Schiffen ausgedehnte Decksflächen und großzügige Räume für die Passagiere planen.

Eines aber hatte Albert Ballin keinesfalls im Sinn – er wollte mit seinen größten Schiffen nicht in das Rennen um das Blaue Band einsteigen. Dort waren die britischen Schnelldampfer der Mauretania- und Olympic-Klasse schneller.

Als an einem Septembermorgen des Jahres 1911 auf einem Helgen der Hamburger Werft Blohm + Voss die ersten beiden Kielplatten von Rumpf Nr. 212 vernietet wurden, war dies nicht nur der Baubeginn für das größte Schiff der Welt. Es begann auch ein neues Kapitel im Bau solcher Schiffe. Die Hamburger Werft hatte eigens dafür zwölf von Pressluft angetriebene Niethämmer erworben. Die Zeit, in der Nieterkolonnen mit ihren Hämmern noch die Nietköpfe stauchten, waren vorbei.

Auch beim Bau der VATERLAND widmete man unter dem Eindruck der TITANIC-Katastrophe der Sicherheit ganz besondere Aufmerksamkeit. Die Schottenunterteilung und ihr Auslösemechanismus waren eigens für dieses Schiff neu konstruiert, sie hielten Hitze bis 1.600 Grad aus. Es waren 34 Rettungsboote vorhanden.

Für zuverlässige Navigation sorgten ein Kreiselkompass mit 30.000 Umdrehungen in der Minute und zwei Tochterkompasse auf der Kommandobrücke.

Vieles, was heute auf großen Kreuzfahrtschiffen selbstverständlich ist, war auf der VATERLAND noch ein Novum. Es gab eine komplette Ladenstraße, unter anderem mit Bank und Reisebüro für die Landausflüge. Es gab ein großes Schwimmbad, zwei besonders luxuriöse Kaisersuiten sowie zehn sogenannte Staatszimmer mit Salon, Schlafzimmer und Bad.

Wie bei allen drei Schiffen der Imperator-Klasse nahm die Erste Klasse den größten Teil der Schiffslänge ein und

erstreckte sich von der Brücke bis zum hintersten Schornstein, die Zweite Klasse schloss sich nach achtern an. Die Auswanderer der Dritten und Vierten Klasse waren vorn und achtern im Rumpf untergebracht.

Beim Bau des Schiffes wurden 34.500 Tonnen Walzstahl, 2.000 Tonnen Gussstahl, 2.000 Tonnen Gusseisen und 6.500 Tonnen Holz verarbeitet. Für den Antrieb sorgte die größte und modernste Dampfmaschine ihrer Art. 46

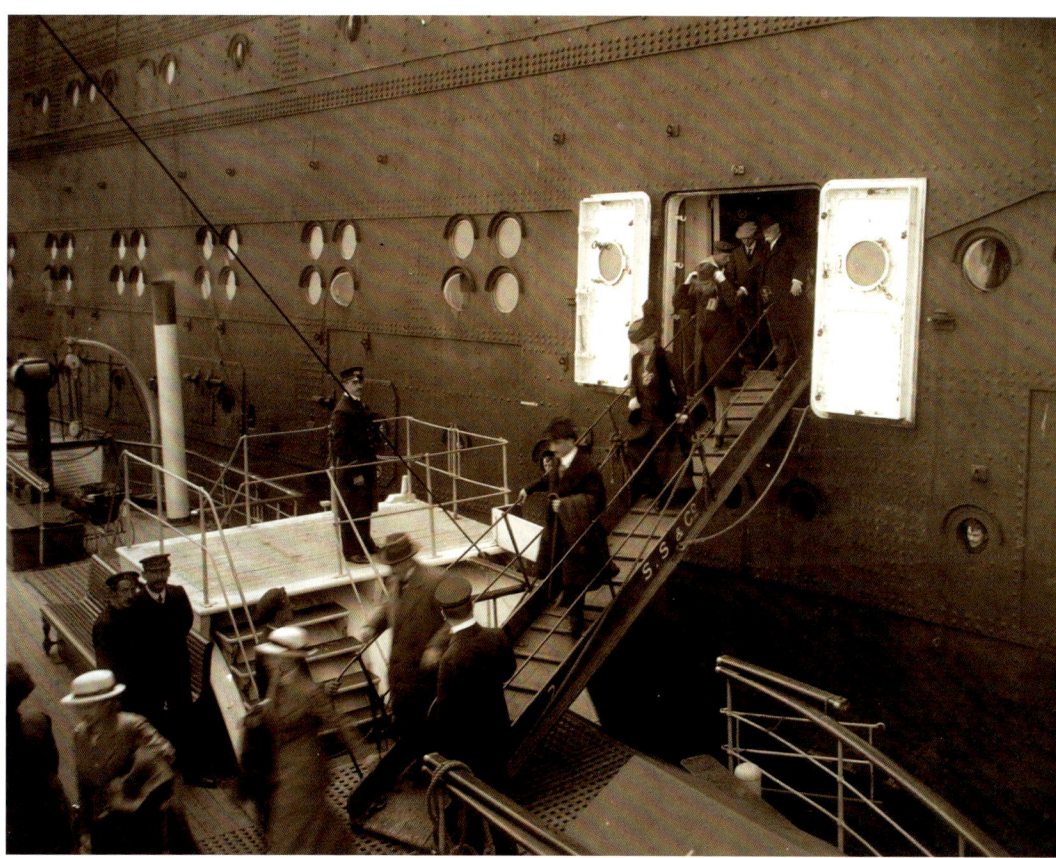

Über eine Seitenpforte verlassen vor dem Auslaufen die letzten Besucher das Schiff.

mit Kohle geheizte Kessel erzeugten den Dampfdruck, damit die Maschine eine Kraft von 61.000 Pferdestärken entwickelte. Diese Kraft wurde von vier Schiffsschrauben mit einem Durchmesser von jeweils 5,80 Metern auf das Wasser übertragen.

Auch in der Innenausstattung der Räume hatte die Reederei keinen Aufwand gescheut. Die Tageszeitung Hamburger Fremdenblatt schrieb anlässlich des Stapellaufs der VATERLAND im April 1913: »Die großartige perspektivische Durchblicke gestattende zusammenhängende Reihe der Gesellschaftsräume beginnt mit dem in Ellipsenform ausgeführten und im strengsten Empirestil gehaltenen Ritz-Carlton-Restaurant. Eine offene Plattform und mehrere Stufen führen von hier zum Wintergarten des Schiffes hin-

*Am Steuerstand im Maschinenraum
stand eine erfahrene und gut ausge-
bildete Besatzung.*

unter, einem etwa 6 ½ Meter hohen Raum, den ein reicher
Flor von Palmen, Blattgewächsen und Blumen schmückt.
Durch eine monumental gehaltene Glastür gelangt man
dann auf den Hauptvorplatz mit seinen Personenaufzügen
und Deckausgängen. Seitlich gelegene Treppenaufgänge
senden ihre schmiedeeisernen, mit Bronzeteilen verzierten
Geländer durch sechs verschiedene Stockwerke. Hinter
dem Vorplatz öffnet sich die mächtige Halle des Schiffes,
ein Raum von 23 Meter Länge, 17 Meter Breite und 7 Meter Höhe. Der geschlossenen Raumwirkung wegen ist von
einem Oberlicht der Halle abgesehen worden. Die künstliche Beleuchtung der Halle wird durch indirektes Licht
von der Decke und holzgeschnitzte vergoldete Wandarme
bewirkt. Über einen Vorplatz tritt man dann in den im
Kolonialstil ausgeführten Damensalon. Ein kostbares
Mobiliar vereinigt sich mit den hellen Tönen des Raumes
zu vornehmer Gesamtwirkung. Der Damensalon schließt
die Flucht der Gesellschaftsräume ab. Oberhalb dieses Raumes liegt das im flämischen Stil gehaltene, mit Eichenholz-
täfelung, Kamin usw. geschmückte Rauchzimmer, dem eine
Bar angeschlossen ist.«

Auf dem Hauptpromenadendeck befand sich der in Ei-
che getäfelte Grillraum. Die achtere Wand war mit Schie-
befenstern versehen, so dass man bei schönem Wetter fast
wie im Freien saß. Weitere große Gemeinschaftsräume der
Ersten Klasse, aber auf tieferen Decks im Rumpf, waren
der große Speisesaal und das Schwimmbad. Das Hamburger Fremdenblatt schrieb dazu weiter: »Der Speisesaal
ist der größte bisher auf einem Schiff ausgeführte Raum.
Er bietet Tischplätze für mehr als 700 Passagiere. Mächtige Pilaster tragen ein reich bemaltes Gewölbe, das in der
Mitte von einer imposanten Kuppel durchbrochen wird.

Der Saal hat hier eine Höhe von 8,1 Metern und reicht
beinahe durch drei Stockwerke. Er ist in Weiß mit Gold gehalten, Linien und Ornamente zeigen den Stil Louis' XIV.
Die Tischordnung ist so getroffen, dass die Passagiere nach
Belieben in Gruppen von zwei bis sechs oder mehr Personen speisen können.

Der Raum des Schwimmbads erhob sich durch zwei
Decks, das Becken nahm die Höhe eines weiteren Decks
ein. Im pompejanischen Stil gehaltene Mosaiksäulen tragen die Decke. Über eine halbovale Treppe erreicht man

ein Marmorbecken von 57 Quadratmeter Grundfläche und einer größten Tiefe von 2,4 Metern. Badekabinen, hygienische Bäder, Duschen und Massageräume sowie eine Halle für gymnastische Übungen schließen sich an.«

In den Kabinen der Ersten Klasse gab es keine übereinander angeordneten Betten, sondern nur frei stehende Betten. Jede Kammer hatte fließendes kaltes und warmes Wasser, künstliche Ventilation sowie Dampf- oder elektrische Heizung. In den Decksaufbauten waren die Staatszimmer untergebracht, bestehend aus Schlafraum, Salon, Baderaum und Gepäckraum, sowie die sogenannten Kaiserzimmer, die Schlafzimmer, Frühstückszimmer, Salon, Baderaum, Pantry, Waschraum und Veranda zu einer abgeschlossenen Wohngelegenheit vereinigten.

Die Hamburger Nachrichten schrieben über das Schiff: »Jetzt trifft es zu, dass die Überfahrt auf einem großen Ozeandampfer die Mehrzahl aller Reisenden mit weit größerem Kulturraffinement umgibt als sie auf dem Festland gewöhnt sind.«

Dazu trug das gute Essen bei. Vor dem ersten Auslaufen nahm das Schiff 20.500 Kilogramm Frischfleisch und 10.800 Kilogramm Dosen- und Pökelfleisch an Bord, zusätzlich 50.000 Kilogramm Kartoffeln, 5.000 Kilogramm Zucker, Sirup und Honig sowie 17.500 Flaschen Wein, Champagner und Branntwein. Auch 28.000 Liter deutsches Bier standen zur Verfügung.

Die Besatzung der VATERLAND entsprach der Größe des Schiffs. Das neue Cunard-Schiff AQUITANIA sollte 970 Mann Besatzung aufweisen. Die VATERLAND zählte 1.234 Besatzungsmitglieder.

Zur Taufe des Schiffes am 3. April 1913 waren die Gebäude in Hamburg mit Flaggen geschmückt. Fährboote brachten die Menschenmassen zu den Tribünen an der Elbe. Gestützt von zwei 12 Meter hohen Schlitten, glitt der Ozeandampfer vom Stapel.

Am 14. Mai 1914 war die VATERLAND unter dem Kommando ihres Kapitäns, Kommodore Hans Ruser, zum Auslaufen bereit. Die Abfahrt um 14 Uhr verlief derart ruhig, dass viele Erster-Klasse-Passagiere, die gerade im Speisesaal ihr Mittagessen zu

sich nahmen, nicht einmal bemerkten, dass sie bereits unterwegs waren.

Alles in allem befanden sich 1.600 Passagiere an Bord, das war weniger als die Hälfte ihrer möglichen Kapazität von 4.050. Der Schock des TITANIC-Untergangs schien nachzuwirken.

Die Jungfernfahrt verlief störungsfrei. Am Morgen des 21. Mai 1914 versammelte sich die größte Menschenmenge, die sich je zur Begrüßung eines Schiffes in New York eingefunden hatte, an der Pier in Hoboken auf der Manhattan gegenüberliegenden Seite des Flusses. Die Zeitungen hatten in dicken Schlagzeilen angekündigt: »Majestätisches Einlaufen des Sechs-Millionen-Dollar-Seeungeheuers VATERLAND heute im Hafen.«

Es war ein sonniger Tag, gerade richtig, um eine so gut verlaufende Jungfernfahrt abzuschließen, da fuhr plötzlich ein kleiner Schlepper, der sich mit mehreren Lastkähnen im Schlepptau stromaufwärts arbeitete, dem großen

Die Schwimmhallen waren nach Geschlechtern getrennt. Das Foto gewährt einen Blick in das Damenbad.

Beim Anlegen in New York musste eine ganze Flotte von Schleppern helfen. Zu viel Windwiderstand bot das Riesenschiff. Für die Passagiere war es eine Attraktion.

Passagierdampfer vor den Bug. Erschreckt gab der die VA-TERLAND dirigierende Lotse den Befehl, alle Maschinen zu stoppen, so dass sie bewegungslos im Wasser lag. Schon nach wenigen Minuten hatte der störende Schlepper mit seinen Lastkähnen den Weg wieder freigemacht.

Doch aufgrund der gestoppten Maschinen war die VA-TERLAND nur noch ein 290 Meter langer stählerner Koloss, der vom böigen Wind sowie Strömung und Tide breitseitig abgetrieben wurde. Sie begann, sich unerbittlich flussabwärts zu bewegen. Vierzehn Schlepper, die winzig und hilflos wirkten, zerrten und schoben verzweifelt. Dennoch trieb die VATERLAND langsam weiter auf eine Schlickbank zu, deren größte Wassertiefe 8,20 Meter be-

trug. Drei Meter zu wenig für den Giganten. Immer mehr Schlepper eilten ihr zu Hilfe – der New York Times zufolge 25, weniger vorsichtige Schätzungen berichteten sogar von 50.

Da kam die auflaufende Flut dem Schiff zu Hilfe, die Maschinen drehten wieder und um 12.15 Uhr war die VATERLAND mit fast dreistündiger Verspätung wieder zum Anlegen bereit. Ihr Heck ragte fast acht Meter über ihren Liegeplatz in den Hudson hinaus.

Das Ablegen knapp fünf Tage später war kaum weniger ereignisreich. Der Hafenlotse verschätzte sich offenkundig in der Leistung ihrer Maschinen und steuerte sie in hohem Tempo rückwärts aus ihrem Liegeplatz in Hoboken. Mit Schwung trieb die VATERLAND über den ganzen Hudson, bis sie zwischen Pier 50 und 51 am Ende der Jane Street in Greenwich Village im Schlick zur Ruhe kam. Nun komplizierte der Lotse die Lage, indem er zu viel Fahrt voraus befahl. Als die Schrauben zu peitschen begannen, wurden in der Nähe zwei kleine Dampfer aus ihren Liegeplätzen gesaugt, deren Trossen zerrissen. Durch die zurücklaufende Strömung wurden die Dampfer gegen ihre Piers geworfen, so dass Schottwände, Relings und Stützen zu Bruch gingen. Dicht vor der Küste sank ein mit 800 Tonnen Kohle beladener Lastkahn durch den Strudel, den die Schrauben der VATERLAND erzeugten.

Die VATERLAND hatte gezeigt, wie verwundbar sie gerade aufgrund ihrer Größe und Kraft war.

Am 22. Juli 1914 legte das Schiff zu einer weiteren Überfahrt in westlicher Richtung ab. Am 28. Juli, noch zwei Tage von New York entfernt, erklärte Österreich-Ungarn Serbien den Krieg. Damit begann eine Entwicklung, die das weitere Schicksal des Schiffes nachhaltig beeinflussen sollte.

Am 31. Juli traf die VATERLAND alle Vorbereitungen, um von New York zur Heimfahrt nach Hamburg auszulaufen. Das Gepäck der 2.700 Passagiere war schon an Bord und wurde gerade in die Kabinen gebracht. Die Reederei hatte 225.000 Dollar für die Passagen eingenommen. Da traf ein Telegramm aus Deutschland ein und warnte, dass britische und französische Kreuzer vor New York im Hinterhalt lägen und nur darauf warteten, die VATERLAND zu beschlagnahmen, sobald sie amerikanische Gewässer verlassen würde. Die Reise wurde abgesagt. Die VATERLAND sollte nach dem Willen der Reederei an ihrer Pier bleiben, bis weitere Anweisungen eintrafen.

Am 3. August erklärte Deutschland Frankreich den Krieg und am folgenden Tag folgte die Kriegserklärung Großbritanniens an Deutschland. Die USA waren zwar noch neutral, aber die Behörden schickten ein Polizeiboot aus, um ein wachsames Auge auf dieses Schiff eines kriegführenden Landes zu haben. Die Presse stand mit ihrer Meinung auf Seiten der Alliierten und druckte phantastische Gerüchte. Nach einem sollte das Schiff angeblich versuchen, im Schutze der Dunkelheit zu entkommen und dann auf hoher See in einen Kreuzer umgewandelt werden. Die New York Tribune schrieb sogar, die VATERLAND würde 8.000 bis 10.000 Mann an Bord haben, die irgendwie an Bord gelangt waren und darauf brannten, für Deutschland zu kämpfen.

Ballin schlug vor, die VATERLAND für politisch neutral zu erklären und als Friedensschiff einzusetzen, das Hilfsgüter nach Belgien transportieren könnte. Doch die deutsche Admiralität lehnte das ab.

Es verstrichen Monate und Jahre. Die VATERLAND war nicht offiziell interniert, sie wartete noch immer auf Anweisungen. Sobald sich die anfängliche Hysterie gelegt hatte, tranken deren Besatzungsmitglieder in den deutsch-amerikanischen Kneipen von Hoboken ihr Bier, das Bordorchester gab an Land fröhliche Konzerte, um Geld für das Deutsche Hilfswerk zu sammeln, und Englandhasser wie der Verleger William Randolph Hearst besuchten Wohltätigkeitsbälle an Bord.

Die lockere Stimmung kippte, nachdem das Passagierschiff LUSITANIA der britischen Cunard Line am 7. Mai 1915 von einem deutschen U-Boot versenkt wurde. Dabei gab es 1.198 Todesopfer, unter ihnen auch 128 US-Bürger. Die New York Times empfahl, als Vergeltungsmaßnahme deutsche Passagierschiffe zu beschlagnahmen. Wieder machten Gerüchte die Runde, wonach die VATERLAND entwischen wolle, dass Kommodore Ruser und die Besatzung das Schiff sabotieren oder gar in die Luft sprengen wollten.

Das erste Anlegemanöver gelang erst, als die Flut dem Schiff zu Hilfe kam. Die Schlepper allein hatten es nicht geschafft.

Immer mehr entmutigte Seeleute nahmen das Angebot der Vereinigten Staaten an, sie in die Heimat zurückzubefördern. Im Frühjahr 1917 befanden sich nur noch 300 der ursprünglichen 1.200 Besatzungsmitglieder an Bord.

Am 3. Februar 1917 hatten die Vereinigten Staaten die diplomatischen Beziehungen zu Deutschland abgebrochen, am 5. April, in einer dunklen und regnerischen Nacht, umstellten Soldaten und Zollbeamte das Schiff.

Als sie am 6. April um vier Uhr morgens die Gangway hinaufkamen, ertönte von der Brücke der VATERLAND eine laute und deutliche Stimme: »Ich protestiere!« Doch es nützte nichts.

Die 300 Besatzungsmitglieder wurden nach Ellis Island gebracht und verhört. Sie waren überrascht, als man sie nach der ärztlichen Untersuchung aufforderte, einen Antrag auf Erlangung der amerikanischen Staatsbürgerschaft zu stellen und den Boden der Vereinigten Staaten als Einwanderer zu betreten. Etwa 250 von ihnen, zu denen Kommodore Ruser nicht gehörte, nahmen das Angebot an. Um 13.13 Uhr, keine zehn Stunden nach der Besetzung der VATERLAND, erklärten die Vereinigten Staaten Deutschland den Krieg. Ruser sowie 49 Offiziere und Matrosen landeten in Hot Springs in North Carolina, wo sie für die Dauer des Krieges im Mountain-Park-Hotel inter-

Nachdem das Schiff als Folge des verlorenen Krieges an die USA abgeliefert worden war, trug es den Namen LEVIATHAN. Die Plakate warben für Fahrten mit dem größten Schiff der Welt.

niert wurden. Für sie war der Krieg zu Ende. Für ihr Schiff hatte er gerade begonnen.

Die USA hatten den Plan, diesen größten Schnelldampfer der Welt als Truppentransporter einzusetzen, um in kurzer Zeit viele Soldaten auf den europäischen Kriegsschauplatz zu bringen. US-Präsident Woodrow Wilson entschied, das Schiff solle fortan LEVIATHAN heißen, wie das biblische Ungeheuer.

Angehörige der amerikanischen Marine, die das Schiff übernahmen, hatten zunächst Angst, die Deutschen hätten ihnen Sprengfallen gelegt. Davon fand sich zwar keine Spur, aber es hatte Sabotageakte gegeben. Einige Kolben und Pleuelstangen waren zerschlagen, der Maschinentelegraf zerschmettert worden. Dampfleitungen waren auseinander genommen und mit Messing verstopft worden. Schraubengewinde waren abgefeilt worden, damit sie unter Druck herausfielen.

Aber es gab auch Schäden durch die Vernachlässigung der untätigen Jahre. Die Rohrleitungen der 46 Kessel des Schiffes leckten, Turbinen brauchten neue Schaufeln, immerhin insgesamt 38.000 Stück. Eine Firma in Connecticut ließ ihre normale Produktion zwei Wochen lang ruhen, um die notwendigen Ersatzteile herzustellen.

Die deutschen Funker hatten alle Bedienungsanweisungen und Schaltpläne aus der Funkstation entfernt. Die Fachleute benötigten rund drei Monate, um das Telefunken-Gerät wieder betriebsfähig zu machen. Und so ging es weiter, auf dem ganzen riesigen Schiff. Kilometer um Kilometer von Röhren und elektrischen Leitungen musste Zentimeter für Zentimeter untersucht werden.

Um als Truppentransporter zu fahren, mussten rund 1.200 Passagierkabinen herausgerissen und durch Abteile mit dreistöckigen eisernen Bettgestellen ersetzt werden. Was an Ausrüstungsgegenständen nicht gestohlen worden war, wurde auf der Pier versteigert.

Es dauerte sieben Monate, dann, am 17. November 1917, war das Schiff marinegrau gestrichen, trug den Namen LEVIATHAN am Rumpf und war einsatzbereit. Da sich mit der Handhabung eines so großen Schiffes niemand auskannte, die Erinnerung an das erstes Auslaufen in Hoboken aber noch lebendig war, setzte die Marine 46 Schlepper ein, die den Giganten vorsichtig rückwärts aus seinem Liegeplatz zogen. Um den Kiel hatten sich rund acht Meter Treibsand abgelagert, der durch die riesigen Schrauben aufgewirbelt wurde.

Zur Besatzung gehörte übrigens ein junger Steuermannsmaat, der den Namen Humphrey Bogart trug. Es gab jedoch eine ganze Reihe technischer Störungen, bis die LEVIATHAN einwandfrei lief. Sie machte während des Krieges 19 Rundfahrten und beförderte auf einer Überfahrt 14.416 Truppenangehörige. Niemals waren mehr Menschen auf einem einzelnen Schiff gefahren. Von den zwei Millionen amerikanischer Soldaten, die über den Atlantik auf den europäischen Kriegsschauplatz transportiert wurden, fuhr jeder zwanzigste auf der LEVIATHAN.

Nach dem Krieg, im April 1922, fuhr die LEVIATHAN, nachdem sie fast drei Jahre untätig in Hoboken gelegen hatte, nach Newport News in Virginia. Dort baute die

Werft sie mit einem Aufwand von mehr als drei Millionen Dollar wieder zum Atlantikliner um. Das war mehr Geld, als die Baukosten ein Jahrzehnt zuvor betragen hatten. Sie sollte künftig das Flaggschiff der Reederei United States Lines werden.

Die ersten drei Fahrten der LEVIATHAN waren durchaus rentabel. Aber dann setzten die Vereinigten Staaten striktere Quoten für die Einwanderung fest. Bis 1924 sank die Zahl der in die Vereinigten Staaten reisenden Passagiere auf 528.000. Das war weniger als ein Drittel der Zahlen, die vor dem Ersten Weltkrieg erreicht worden waren. Außerdem unterlag die LEVIATHAN als amerikanisches Schiff der Prohibition. Während Schiffe unter ausländischer Flagge zu schwimmenden Bars wurden, die trinkfreudige Amerikaner anlockten, mied dieselbe Klientel das Schiff der United States Line.

Es kam durchaus vor, dass die LEVIATHAN während einer Überfahrt nur 700 oder 800 Passagiere an Bord hatte, erheblich weniger als ihre aus 1.200 Mann bestehende vollzählige Besatzung. Damit wurde sie in der Unterhaltung übermäßig teuer. Sie verbrauchte pro Hin- und Rückfahrt immerhin Öl im Wert von 120.000 Dollar.

Auf die Prominenz jener Zeit allerdings übte es immer noch einen unwiderstehlichen Reiz aus, auf dem größten Schiff der Welt zu fahren.

Die Passagierliste wurde von keinem anderen Schiff übertroffen. Während einer Überfahrt hatte sie die Filmstars Gloria Swanson, Douglas Fairbanks und Mary Pickford an Bord, außerdem den bekannten Golfspieler Walter Hagen, den beliebtesten Geistlichen von New York, Dr. Harry Emerson Fosdick, den Herzog und die Herzogin de Richelieu, Percival S. Hill, den Präsidenten der American Tobacco Company, den Maharadscha Rajena Bahadur von Jin, Mrs. Whitelaw Reid, die Frau des Chefredakteurs und Verlegers der New York Herold Tribune, den Violinisten Jascha Heifetz und Fung Chung, den chinesischen Botschafter am Hofe von St. James.

Im Oktober 1926 war sogar Königin Marie von Rumänien an Bord.

Im August 1927 wurde das Schiff zu einem Pionier in der Geschichte der Seefahrt. Für den Start eines Postflugzeuges war eine 30 Meter lange Rampe gebaut worden, die diagonal über die Backbordseite der Schiffsbrücke verlief. Von dort startete ein kleiner Fokker-Doppeldecker, um schneller als das Schiff auf dem amerikanischen Festland zu sein und dort seine Postsäcke abzuliefern.

Am Abend des 11. Dezember 1929 geriet die LEVIATHAN auf östlichem Kurs während eines zwei Tage dauernden Sturmes in schwere See. Kapitän Harold Cunningham und der Zweite Offizier Sherman Reed standen auf der Brücke und sahen eine zwölf Meter hohe Welle aus der Dunkelheit auf sich zukommen. Als deren Wassermassen abgelaufen waren, hatte der Rumpf einen gut zwei Zentimeter breiten Riss auf der Steuerbordseite, der sechs Meter weit bis hinunter zum C-Deck reichte und die Deckspanten verbog. Das Schiff wurde bei der Werft Harland & Wolff behelfsmäßig ausgebessert. So richtig wiederhergestellt war es aber erst wieder Ende März 1930. Die Reparaturen hatten aber 700.000 Dollar gekostet, und es war unmöglich, diese Summe wieder hereinzuholen. Die wirtschaftliche Depression war über die Welt hereingebrochen, und Reisen waren zu einem Luxus geworden, den sich nur die ganz ganz Reichen leisten konnten. Während einer Überfahrt versorgten die 1.200 Besatzungsmitglieder in allen Klassen ganze 301 Passagiere.

Im Juni 1934 wurde die LEVIATHAN zum letzten Mal überholt. Sie machte fünf Rundfahrten nach Europa, die alle mit einem Verlust von durchschnittlich 60.000 Dollar endeten. Im September wurde sie in Hoboken aufgelegt, wo man sie während der nächsten vier Jahre dem Rost und sich selbst überließ.

Im Januar 1938 lief die LEVIATHAN ein letztes Mal aus, nach Rosyth in Schottland, wo sie abgewrackt werden sollte. Sie trat ihre letzte Fahrt mit nur 36 von 46 Kesseln an. In den sieben Tagen, die sie zur Überquerung des Atlantiks brauchte, versagten zwölf weitere.

Im schottischen Hafen Rosyth sank die LEVIATHAN in den Schlamm, nachdem der Laderaum Nummer eins geflutet worden war. Dann begannen Abwracker damit, das einst größte Schiff der Welt in kleine, nicht wiederzuerkennende Metallteile zu zerlegen.

Um ein so großes Schiff handhaben zu können, war eine zahlreiche Besatzung notwendig. Das Foto zeigt die deutschen Matrosen auf dem Vordeck noch vor der Ablieferung der VATERLAND.

Die Reedereien beschäftigten namhafte Künstler ihrer Zeit, um Plakate zu gestalten. So wirbt dieses Bild für eine Passage von Hamburg über Irland in die USA.

Schiffsgiganten prägten die Kunst

Riesige Tanker und Containerschiffe haben in unserer Zeit die Vorstellung von Schiffsgrößen geprägt. Wenn dann Passagierschiffe gebaut werden, die die 20, 30 oder 40 Meter länger sind, dann beeindruckt es zwar auch heute noch Menschen, die mit technischen Superlativen aufgewachsen sind. Doch eine Bewunderung über Ingenieurleistungen, die ganze stählerne Städte schufen, kommt selten auf. Ganz anders reagierten die Menschen zu Beginn des 20. Jahrhunderts auf Passagierschiffe, die zwei- bis dreimal so groß waren, wie die Frachtschiffe der damaligen Zeit. Zeichner stellten diese, im Vergleich mit anderen menschlichen Bauten gigantischen Schiffe zum Größenvergleich selbstbewusst aufrecht neben die Türme von Kirchen und Rathäusern oder die höchsten Wolkenkratzer New Yorks. Die hatten damals allerdings noch bescheidenere Ausmaße als heute.

Wie gern man neue technische Errungenschaften mit bereits bekannten Konstruktionen verglich, drückt ein Text des seinerzeit bekannten Schriftstellers und Kulturkritikers Alfred Kerr aus, der 1913 an Bord des Schiffes IMPERATOR ging: »Als ich das Riesendeck entlangsah, kam über mich ein Gefühl frohlockender Bewunderung, das ich beim Umherwandern im hohen Gestänge des Eiffelturms gespürt hatte. Ein Glück über technischen Mut …« Eine Zeit hatte ihre Herausforderungen gesucht und gefunden. Alfred Kerr war 1867 in Breslau geboren, er starb 1948 in Hamburg. Als einer der wenigen hinterließ er Texte, die sich mit der schönen äußeren Form der Schiffe beschäftigten. Andere Zeitzeugen lobten mehr die immer luxuriöser gewordene Ausstattung der Schiffe,

Denn Reedern und Passagieren war die pure Technik in der Ausstattung ihrer Schiffe trotz aller sachlichen Schönheit bald zu spartanisch erschienen. Mit blumigen Werbeworten schilderten sie zwar die Annehmlichkeiten an Bord, aber sie beschönigten so auch die Realität. Doch das konnte schiefgehen. So wie bei Charles Dickens, der mittlerweile ein bekannter Schriftsteller war, als er sich 1842 zusammen mit seiner Gattin Kate und deren Zofe auf der BRITANNIA von Cunard einschiffte, um nach Amerika zu fahren. Ein Reklamezettel hatte beispielsweise den Salon des Schiffes als einen Raum von nahezu unbegrenzter Ausdehnung mit fernöstlich prunkvoller Ausstattung beschrieben.

Dickens aber notierte ironisch, dass »dieser wunderbare Salon von nahezu unbegrenzter Ausdehnung ein langer, enger Raum war, einem riesigen Leichenwagen mit Fenstern nicht unähnlich«. Aber seine Kommentare sollten noch bissiger werden. Die Abfahrt in Liverpool beschreibt Dickens als »außergewöhnlichen und erstaunlichen Tumult«. Er musste sich mit seinen Begleitern durch eine Menge drängender Stewards und Passagiere zu seiner Kabine durchkämpfen, was auch viele Kreuzfahrtreisende im 20. und 21. Jahrhundert noch beklagten. »Überall strömten Passagiere mit ihrem Gepäck unter Deck, rempelten andere Leute an, machten es sich in fremden Kabinen bequem und schufen dadurch, dass sie diese wieder räumen mussten, eine heillose Verwirrung.«

Als Dickens seine Kabine erreichte, stellte er fest, dass sie eine »höchst unpraktische, gänzlich hoffnungslose und vollkommen lächerliche Schachtel« sei, deren Kojen mit dünnen Matratzen und schlaffen Steppdecken versehene Regale seien. Dickens tobte: »Außer Särgen gibt es keine kleineren Schlafgelegenheiten als diese Kojen!« Die zahlreichen Schrankkoffer seiner Ehefrau konnten jedenfalls in diesen engen Räumen nicht recht untergebracht werden.

Sobald die BRITANNIA in See war, wurden Charles und Kate Dickens außerdem noch seekrank. »Jedes Holz und jede Planke knarrte … wie ein riesiges Feuer …, nichts als das Bett konnte helfen, und so ging ich zu Bett.«

Dickens blieb zehn lange Tage im Bett, während sich die BRITANNIA durch Stürme kämpfte, die das Rettungsboot zertrümmerten, Planken von den Schaufelradverkleidungen abrissen und die Schaufelräder nackt und bloß und die Takelage aufgegeit, verwirrt, nass und triefend erscheinen ließen.

Nachdem die Industrialisierung jedoch in Amerika und Europa Fabrikanten und Kaufleute reich hatte werden lassen, konnte man solche Überfahrten nicht mehr anbieten. Diese Menschen wollten ihren Reichtum genießen und scheuten sich nicht, ihn vorzuzeigen. Es war die Zeit der

Frühe Plakate zeigten die angelaufenen Häfen und die Schiffe noch in allen Details.

aufwändigen Bildungs- und Vergnügungsreisen von Kontinent zu Kontinent, der prunkvollen Luxushotels und festlichen Bälle. Um diese Atmosphäre auch an Bord bieten zu können, vergaben Reeder Aufträge zur Innenausstattung ihrer Schiffe an Architekten, die schon an Land repräsentative Hotels gezeichnet und entworfen hatten. Schiffe auf den großen Linien über den Nordatlantik, nach Asien und Australien wetteiferten bald darin, immer prunkvoller ausgestattet zu sein. Wer die alten Fotos betrachtet, kann sich den Speisesaal oder die Empfangshalle manches Schiffes durchaus auch im Hotel Adlon in Berlin oder im Ritz an der Cote d'Azur vorstellen.

Eine Zeitung schrieb damals: »Es ist ein Luxus, der Menschen entspricht, die jahraus, jahrein auf diesem Schiffe so leben werden, wie sie zwischen fünfter Avenue und Rom, zwischen Savoy-Hotel in Budapest oder St. Petersburg die Abende totzuschlagen gewohnt sind.«

Man vergaß leicht, sich auf einem Dampfer zu befinden

Reisende waren durchaus bereit, diesen Luxus zu bewundern und zu honorieren. So notierte der Journalist Dr. Wilhelm Doerkes-Boppard seine Eindrücke im Jahre 1913: »… man konnte glauben, im Speisesaal eines der bekannten Hotelpaläste in Berlin zu sein, wo die Damen und Herren in großer Toilette bei den Klängen des Orchesters die Abendmahlzeit einnehmen. Die Illusion ist so vollkommen, dass die Gewissheit, sich auf einem Dampfer zu befinden, der auf der Fahrt nach Amerika ist, ganz in den Hintergrund tritt und mit Gewalt ins Gedächtnis zurückgerufen werden muss. Draußen rauscht der Regen, klatschen die Wogen gegen die Schiffswände und drinnen spielt die Musik das entzückende Menuett von Boccherini … ein Schimmer zauberischer Eleganz liegt über dem Saal und der Gesellschaft, die sich sorglos und freudig dem Reiz der Stunde und der Stimmung hingibt. Nachher folgt der behagliche Schlusstrunk in dem wunderbar gemütlichen Rauchzimmer …«

Zu schätzen wussten die Passagiere jener Zeit auch den gesteigerten Komfort ihrer Kabinen: »In den Einzelkabinen lässt es sich leben. Der traurige Klappwaschtisch ist verschwunden, nachdem schon bei den letzten modernen Schiffstypen die Klappe, das Brett auf dem man schlief, durch ein wirkliches Bett ersetzt war.«

Im Laufe der Zeit wurden die Darstellungen immer großflächiger. Die Bilder zeigten nur noch die wirklich ins Auge springenden Merkmale der Schiffe. Die Reederei-farben an den Schornsteinen waren zu jener Zeit weithin bekannt.

Ein anderes, für ihn ungewöhnliches Vergnügen erlebte der Schriftsteller Thomas Mann in den 30er Jahren auf einem der Ozeanriesen und es versetzte ihn in Erstaunen: »Gestern abend war Cinema in der Social Hall – auch diese Gabe der Zivilisation sollen wir nach dem Willen unserer Beförderer unterwegs nicht zu entbehren haben, und es kurios genug ist, sie unter den obwaltenden Umständen zu genießen. Die weiße Projektionstafel war an einem Ende des Saales angeschlagen, am anderen der Bild und Ton entsendende Wunderapparat, zu welchem der Fortschritt die Laterna magica unserer Kindheit entwickelt hat. Man sitzt in der leise schwankenden Eleganz des Gesellschaftsraumes im Smoking in seinem Fauteuil am vergoldeten Tischchen, trinkt Tee, raucht seine Zigaretten und schaut wie in irgend einem ›Capitol‹ oder ›Eldorado‹ der festen Erde den redend bewegten Schatten dort drüben zu – eine überraschende Lebenslage.«

So viel zur Innenausstattung der Schiffe. Aber auch äußerlich sind die Schiffe immer schlanker und eleganter geworden. Die hoch aufragende Bugform von Schiffen begeisterte Künstler. Sie schufen Plakate, die die Ästhetik von ihrer schönsten Seite zeigten. Diese Formen beeinflussten seit den 20er Jahren aber auch Architekten an Land, in Europa ebenso wie in Amerika und Japan. Fritz Höger baute in der Hanse- und Hafenstadt Hamburg von 1921 bis 1924 das Chilehaus mit der Eleganz eines Schiffsbugs. Auch der Schweizer Charles Edouard Janneret, bekannt als Le Corbusier, ließ sich von Schiffsformen beeindrucken: »Vergisst man einen Augenblick, dass ein Ozeandampfer ein Transportmittel ist, und betrachtet man ihn mit neuen Augen, dann begreift man ihn als eine bedeutende Offenbarung von Kühnheit, Zucht und Harmonie und von einer Schönheit, die zugleich ruhig, nervig und stark ist.« Umgesetzt hat er diese Eindrücke beim Bau der Kirche Notre-Dame-du-Haut in Ronchamp im Süden Frankreichs. Von Osten betrachtet bietet sie die Form eines Schiffsbugs.

Plakate zeigten die schönsten Seiten der Schiffe

Die Konkurrenz zwischen den Reedereien brachte außerdem Farbe ins Geschäft der Werbung oder, wie es damals noch hieß, der Reklame. Die ersten Plakate von Schifffahrtslinien waren noch schlichte Fahrpläne ohne jede Illustration. Doch je mehr Menschen von der Alten in die Neue Welt reisen wollten, je mehr Schifffahrtslinien es gab, desto mehr versuchten die einzelnen Reedereien, sich von der Konkurrenz abzuheben. In dieser Zeit

tauchten die ersten Illustrationen auf. Es waren noch einfache Zeichnungen der Schiffe, auf denen die Passagen gebucht werden konnten. Meist handelte es sich in dieser Frühzeit um Dampfer, die noch eine umfangreiche Besegelung hatten und unbeirrt vom Wetter hohe Seen durchpflügten.

Während diese ersten illustrierten Plakate aus den sechziger Jahren des 19. Jahrhunderts noch im Schwarzweißdruck waren, zeigten die Plakate der siebziger Jahre schon Farbe. Die Lithographien stellten zwar immer noch dieselben Schiffstypen dar, doch waren Wellen und Himmel inzwischen strahlend blau und auch die Schriften wurden farbig unterlegt. Die Plakate verloren langsam den Fahrplancharakter, die Reedereien versuchten nun Passagiere anzulocken, indem sie die Sicherheit ihrer Schiffe in den Vordergrund stellten. Noch immer aber waren ausführliche Texte Hauptbestandteil der Plakate. Die Erkenntnis, dass ein Bild mehr sagt als tausend Worte, setzte sich erst langsam durch. Plakatmaler der Hamburg-Amerikanischen Packetfahrt-Actien-Gesellschaft (HAPAG) waren die ersten, die Anschläge malten, auf denen Bilder gegenüber dem Text dominierten. Dabei wurden erstmals Stilelemente wie aus der Marinemalerei in die Werbung übernommen.

Je mehr die Reedereien selbst zu einem Begriff geworden waren, desto mehr folgten sie bei der Gestaltung ihrer Plakate dem Beispiel der HAPAG. Die Illustrationen führen Schnelligkeit und Zuverlässigkeit bildhaft vor Augen.

Verfolgt man die Gestaltung der Plakate weiter, dann fällt eine Wandlung der Ansprüche auf. Passagiere wollten nicht länger nur transportiert werden, Seereisen wurden ein exklusives gesellschaftliches Ereignis. Die Plakatbilder dieser Zeit zeigen demonstrativ Luxus und Müßiggang des Bordlebens. In diese Zeit fällt auch die Werbung für erste Reisen, die nicht das Erreichen eines bestimmten Hafens zum Ziel haben, sondern bei denen das Unterwegssein selbst das Ziel ist. Luxusschiffe wurden nun auch für Kreuzfahrten eingesetzt. Illustratoren zeigten die Schiffe jetzt je nach Fahrtziel in atemberaubenden nordischen Fjorden oder vor Palmenstränden. Oder aber die Schiffe selbst wurden immer plakativer illustriert, ihre Formen immer großzügiger dargestellt, so dass manchmal schon der scheinbar endlos aufragende Bug oder nur ein bunter Schornstein als Illustration ausreichten. Die maritimen Plakate hatten in den 20er Jahren die Formen der Grafik der damaligen Zeit erreicht.

Künstlerisch aufwändig gestaltet waren in jener Zeit aber auch die Speisekarten von Schiffen, die denjenigen in Luxusrestaurants in nichts nachstanden.

Die USA waren das Land der Wolkenkratzer. Die Sehnsucht, dieses Land einmal zu besuchen, schürt das Plakat mit den riesigen Häuserfronten, während das Schiff im Hintergrund bleibt.

Mit Seereisen wollten die Passagiere nicht nur ein Ziel erreichen, sie dienten zunehmend auch einfach nur der Erholung.

Der Norddeutsche Lloyd in Bremen zeigte seine drei großen Ozeanliner stolz vor den Wolkenkratzern von New York. Die Bilder sollten Fernweh schüren. Das Ausmaß der Schiffe verdeutlicht der kleine Schlepper im Vordergrund.

Das Dock Elbe 17 von Blohm + Voss in Hamburg ist ausreichend groß, um auch die derzeit längsten Passagierschiffe der Welt trockenstellen zu können. In diesem Fall ist es die NORWEGIAN JEWEL, die bei der Meyer Werft in Papenburg gebaut wurde.

ELBE 17 – EIN DOCK FÜR DIE GIGANTEN

Für zivile Nutzung sei ein so großes Dock nicht geeignet, teilte die britische Besatzungsmacht dem Hamburger Bürgermeister Max Brauer mit. Der Bau von Elbe 17 sei seinerzeit von der Marine des Deutschen Reiches für den Bau von Großkampfschiffen in Auftrag gegeben worden, deshalb falle es unter die Entmilitarisierung und müsse gesprengt werden. Nur die Ostmauer sollte als Kaimauer erhalten bleiben.

Die Hamburger argumentierten dagegen. Eine so umfangreiche Sprengung würde den nicht weit davon entlang verlaufenden Elbtunnel gefährden und der Hansestadt damit eine wichtige Verkehrsverbindung von der Innenstadt in die Häfen und zu den Werften nehmen. Und dort begann sich gerade wieder wirtschaftliches Leben zu regen.

Es folgte auf beiden Seiten eine Reihe propagandistischer Aktionen. Für deren Höhepunkt sorgte am 18. März 1950 der britische Landeskommissar für Hamburg, Sir John Kirningmont Dunlop. Obgleich er stark erkältet war, nahm er in schützende Decken gehüllt mitten im Elbtunnel in einem eigens dafür herbeigeschafften Sessel Platz, um zu demonstrieren, wie sehr er an die Ungefährlichkeit der Sprengungen glaubte.

Während die Sprengladungen vorbereitet wurden, sammelten sich am Nordufer der Elbe auf dem Stintfang die Schaulustigen. Sie sahen, wie pünktlich um 15 Uhr an der Westseite des Docks eine große Wolke aus Staub und Wasser aufstieg. Die ersten Detonationen waren gezündet worden. Im Abstand von 15 Sekunden folgten die nächsten, insgesamt 24 Mal gingen die Ladungen hoch, ausgelöst von Sprengexperten der britischen Armee. Nachdem Rauch und Staub sich verzogen hatten, sah Dock Elbe 17 für die Schaulustigen aus wie zuvor. Sogar aus der Nähe betrachtet hielten Bauexperten die entstandenen Schäden für reparabel.

Wie aber war es dem britischen Landeskommissar im Tunnel ergangen? Die Röhren unter der Elbe hatten vibriert, das Leben des Offiziers war tatsächlich nicht in Gefahr. Aber eine Untersuchung ergab, dass an etlichen Stellen des Tunnels Wasser aufgetreten war. Eine Sprengung mit höherer Ladung, die das Dock wirklich zerstören würde, schien also ausgeschlossen zu sein. Bis heute hält sich jedoch in Hamburg die Legende, damals hätten Mitarbeiter, die für Wartung und Kontrolle des Tunnels zuständig waren, sich also mit dessen Technik bestens auskannten, während der Detonation einige Ventile geöffnet, die zum Ablassen von Kondens- und Sickerwasser dienten. So seien im Tunnel plötzlich Wasserlachen entstanden …

Den Hamburgern blieb damit Dock Elbe 17 erhalten. Weshalb sie sich so vehement für den Erhalt einsetzten, ist heute nicht mehr nachvollziehbar. Ob es einfach ein Stück zivilen Ungehorsams gegenüber der britischen Besatzungsmacht war, also ein Machtspiel, oder der Stolz darauf, in der Stadt mit 350 Meter Länge eines der größten Docks Europas zu haben, kann man nicht mehr herausfinden. Für die Schifffahrt der gerade begonnenen 50er Jahre jedenfalls benötigte man ein so großes Dock tatsächlich nicht. Von den größten Frachtern jener Zeit erreichten nur wenige 150 Meter Länge. Die größten Passagierschiffe, wie die 1939 gebaute QUEEN ELIZABETH oder die 1935 gebaute NORMANDIE, erreichten zwar schon 300 Meter Länge, doch solche großen Schiffe kamen nicht zur Reparatur nach Hamburg – noch nicht.

Und nicht einmal die Optimisten unter den Visionären konnten damals geahnt haben, dass in den siebziger Jahren des 20. Jahrhunderts immer größere Tanker in Fahrt kamen, weil nach dem Sechs-Tage-Krieg vom Juni 1967 der Suezkanal geschlossen werden würde und die Ölströme der Welt nun ganz rund um Afrika herum transportiert werden mussten. Solche Tankerriesen aber mussten hin und wieder auch in die Werft. Damals lohnte es sich für Hamburg zum ersten Mal, ein so großes Dock zu haben. Man erzählt sich noch heute, diese Schiffe seien so riesig gewesen, dass der richtige Abstand des Rumpfes zur Dockkante beim Eindocken von Land aus mit dem Zollstock gemessen worden sei.

Erste Pläne für den Bau von Docks mit einer Größenordnung, wie es sie in Deutschland noch nie gegeben hatte,

Trotz aller Technik gibt es am Dock auch romantische Stimmungen, wenn hinter den Kränen die Sonne untergeht oder ein Schiff im Morgengrauen eingedockt wird.

(Fortsetzung auf S. 102)

Das Docktor ist zwar schwimmfähig, hat aber keinen eigenen Antrieb.
Es wird von Schleppern an seine Position gezogen.

Der Blick von oben zeigt die unterschiedliche Konstruktion der Docks. Links ist das Trockendock Elbe 17 zu sehen, das von einem Tor verschlossen und dann leergepumpt wird. Das Schwimmdock 10 dagegen wird abgesenkt und wieder angehoben, wenn ein Schiff eingeschwommen ist.

Damit Schiffe auch nachts eingedockt werden können, sind die Seitenwände des Docks von Unterwasserscheinwerfern hell erleuchtet.

Das Passagierschiff BOUDICCA der Fred. Olsen Lines kam zu einer Routineuntersuchung ins Dock Elbe 17. Die Reederei ist ein regelmäßiger Kunde der Hamburger Werft.

Das Dock ist schwimmfähig. Deshalb muss es auch regelmäßig untersucht werden. Hier wird es in das gleich nebenan liegende Dock 10 verholt.

Die größten Docks Europas im Überblick:

Belfast:	**556 Meter**
Kiel:	HDW,
	426 Meter
Papenburg:	Meyer Werft,
	358 Meter
Hamburg:	(Trockendock
	Elbe 17),
	351 Meter
Bremerhaven:	Kaiserdock II
	der Lloyd Werft,
	335 Meter
Brest:	**415 Meter**
Saint-Nazaire:	**350 Meter**

Weltweit:

Dubai:	**530 Meter**
USA:	Newport News
	(Virginia)
	650 Meter
	(Ein Flugzeugträger
	der Nimitz-Klasse
	beansprucht dort
	gerade die Hälfte
	des Docks.)

verfolgte die deutsche Kriegsmarine schon im Jahr 1936. Sie verhandelte zunächst mit Blohm + Voss in Hamburg, den Howaldtswerken in Kiel und Deschimag in Bremen über den Bau von mehreren Großhelgen. Dort sollten Schlachtschiffsgiganten einer neuen Generation entstehen, in Ausmaßen, wie die Welt sie noch nicht gesehen hatte. Auf ihnen wollte die Marine eine völlig neue Größenordnung von Schiffsartillerie zum Einsatz bringen.

Ein Jahr später lagen diese Pläne kurzfristig auf Eis, Zweifel am Sinn solcher Schlachtschiffsgiganten kamen auf.

Im November 1937 fiel dann bei der Marine tatsächlich die Entscheidung, künftig Schlachtschiffe zu bauen, die rund 40 Prozent kleiner waren.

Die Hamburger Werft Blohm + Voss erhielt aber trotz allem den Auftrag, ein großes Trockendock zu bauen, wie es in Europa zu jener Zeit kein zweites gab. Es sollte 350 Meter lang werden und neun Meter Wassertiefe bieten und bis zu 240.000 Kubikmeter Wasser fassen.

Bei den Verhandlungen um Bauzeiten und Materialzuteilungen trat Blohm + Voss als Treuhänder der Kriegsmarine auf. Später übernahm die Werft die Bauleitung des Projektes im Auftrag und für Rechnung des Oberkommandos der Wehrmacht. Die eigentlichen Bauarbeiten führte das Unternehmen Dyckerhoff & Widmann aus. Als Treuhänder hatte Blohm + Voss laut Vertrag mit der Wehrmacht die Bauarbeiten auszuführen und das Dock betriebsbereit zu machen, dessen Nutzung zu verwalten und es zu bewirtschaften. Eigentümer aber war weiterhin das Deutsche Reich, die Baukosten trug das Reichsfinanzministerium.

Das neue gigantische Dock sollte sich unmittelbar an das Gelände der Hamburger Werft anschließen, ragte zu einem kleinen Teil auch bis in das Werftgelände hinein. Dabei mussten einige Gebäude abgerissen werden, in denen beispielsweise die E-Schweißerei und eine Schmiede untergebracht waren.

Elbe 17 war eigentlich ein Tarnname

Bei der Besprechung über das Projekt diskutierten die Beteiligten auch einen Tarnnamen für das neue Dock. Walter Blohm machte den Vorschlag, als Codewort »Steinwärder« zu nehmen, nach der Elbinsel, auf der das Dock entstehen sollte. Doch anderen in der Gesprächsrunde gefiel der Name nicht, er gäbe zu offenkundig Hinweise auf die Lage des Großprojektes. Dann tauchte der Vorschlag auf, es einfach »Elbe« zu nennen mit dem Zusatz »17«. Für diese Zahl gibt es keine Erklärung, vielleicht sollte sie bei nicht Eingeweihten einfach nur Verwirrung stiften. Angesichts dieses Vorschlages bemerkte Walter Blohm nur trocken »Dann können wir unser nächstes Dock ja Elbe 18 nennen.«

Innerhalb der nächsten fünf Monate wurden nun 570.000 Kubikmeter Aushubmasse aus der Baugrube geschafft und 285.000 Kubikmeter Beton verbaut. In den Seitenwänden des Docks entstanden Hohlräume, die als Umkleideräume für die Arbeiter sowie als Magazin- und Lagerräume dienten.

Als das Trockendock Elbe 17 im Jahr 1942 fertiggestellt war, hatte es seinen ursprünglichen Zweck längst verloren. Schlachtschiffe hatten mittlerweile ihre Verwundbarkeit gegenüber Kampfflugzeugen gezeigt, ihre Zeit war vorbei. Dafür diente Elbe 17 nun einem ganz anderen Zweck. In den Hohlräumen seitlich des eigentlichen Docks unter meterdickem Beton, fanden bei Luftangriffen

auf die Hansestadt jeweils gut 6.000 Menschen Schutz vor den Bomben.

Nach dem Krieg wurde das schwimmfähige Sperrtor verschrottet und das Dock als Hafenbecken verwendet. Auf dessen Ostseite stand eine Reihe von Hafenkränen für den Stückgutumschlag.

Mit der steigenden Nachfrage nach Schiffstonnage in den sechziger Jahren des 20. Jahrhunderts entsann man sich der ursprünglichen Pläne für das Hafenbecken. Da viele Einrichtungen noch intakt oder leicht wieder herzustellen waren, wurde ein neues Docktor gebaut. Nach dessen Fertigstellung konnte am 12. Dezember 1967 der 190.150 Tonnen tragende Tanker MYRINA als erstes wieder ins Trockendock Elbe 17. Zahlreiche Schaulustige standen am gegenüberliegenden Elbufer und beobachteten das Manöver, mit dem der Tankerriese vor den Landungsbrücken gedreht wurde. Auch Werftsenior Rudolf Blohm hatte das Geschen fachmännisch begutachtet und sprach anschließend all denen, die auf der Werft an diesem ersten Eindocken nach dem Krieg beteiligt waren, seine Anerkennung aus.

Das Docktor schottet das Becken des Trockendocks gegen die Elbe ab. Wenn es geöffnet wird, nehmen Schlepper es auf den Haken.

Elbe 17, das Dock für die Giganten, wird auch von den großen Conatinerschiffen genutzt.
Hier steuert die SEALAND WASHINGTON der dänischen Reederei Maersk das Becken an.

Beim genauen Ausrichten des Schiffes über den Pallen, auf die es mit sinkendem Wasser-stand abgesenkt wird, hilft ein Schlepper am Heck.

Als die QUEEN MARY 2 im November 2005 im Dock Elbe 17 lag, zog dieser imposante Anblick immer wieder Schaulustige an den Landungsbrücken an.

Auch Giganten müssen in die Werft

Beim Eindocken fuhr die Queen ohne Schlepperhilfe in das enge Becken. Es war ein Manöver, das nur mit der Hilfe von Strahlrudern und den Pod-Abtrieben gelang. Mit einem konventionellen Schraubenantrieb wäre das nicht möglich gewesen.

Am frühen Morgen des 9. November 2005 bestaunten die Hamburger eine navigatorische Meisterleistung. Sie hatte ursprünglich schon am Abend vorher ablaufen sollen. Die Queen Mary 2 sollte für ihre Garantieuntersuchungen in Dock Elbe 17 eindocken. Die traditionsreiche Hamburger Werft Blohm + Voss hatte diesen Auftrag gegen starke Mitbewerber aus dem In- und Ausland bekommen. Wie immer zog dieses Schiff Schaulustige an. Doch Hunderte Fans des Schiffes wurden enttäuscht. Das Docktor war geschlossen geblieben und die Königin fuhr weiter elbaufwärts bis zum Kreuzfahrtterminal. Südliche und südöstliche Winde hatten so viel Wasser aus der Elbe Richtung Nordsee gedrückt, dass der Wasserstand bei Hochwasser 75 Zentimeter niedriger auflief als üblich. So musste das Manöver verschoben werden.

Mit dem Licht der aufgehenden Sonne des darauffolgenden Tages löste dann die Queen Mary 2 ihre Leinen am Hamburger Kreuzfahrtterminal und glitt langsam mit dem Morgenhochwasser die Elbe abwärts. Die Wasserschutzpolizei hatte mit ihren Booten den Fluss abgesperrt. In Höhe der Hamburger Landungsbrücken hatten unterdessen Schlepper das schwimmende Docktor von Dock Elbe 17 beiseite bugsiert, das geflutete Dock war zur Elbseite offen.

Ohne Schlepperhilfe wollte Captain Bernard Warner, der während dieser Reise Commodore Warwick vertrat, das 345 Meter lange und 41 Meter breite Schiff in das 351 Meter lange und 59 Meter breite Dock steuern.

Für die wenigen Fotografen und Kamerateams, die eine Erlaubnis hatten, das Eindocken vom Ende des Docks Elbe 17 aus zu beobachten, bot sich ein einmaliges Bild. Zunächst schien es, als würde die Queen am Dock vorbeifahren, dann änderte sich die Vorwärtsfahrt in eine Drehbewegung. Deutlich war zu sehen, wie die drei Strahlruder arbeiteten, sich das Wasser kräuselte und der Bug sich langsam herumschob. Zuerst kaum wahrnehmbar, dann deutlicher, drehte sich das Schiff mit dem Bug Richtung Süden. Ohne jede Schlepperhilfe, es lag lediglich einer zur Sicherheit in Bereitschaft, nahm das Schiff dann Fahrt auf und glitt langsam in das Becken von Dock Elbe 17.

Von Mannkörben der beiden Portalkräne, die auf Schienen an der gesamten Docklänge seitlich des Docks entlanglaufen, wurden an der Backbord- und an der Steuerbordseite Leinen übernommen. Nachdem die Verbindungen gesichert waren, zogen die Elektromotoren der Kräne an und schleppten das Schiff so bis in das Trockendock hinein. 40 Minuten später war der Wulstbug nur noch wenige Meter vom Ende des Docks entfernt, das Schanzkleid ragte weit über das Ende hinaus.

Dann wurde das Docktor wieder geschlossen, das Wasser aus dem Dock gepumpt und das Schiff senkte sich bis auf die Pallen. Aus dem Hubschrauber betrachtet passte die QM 2 so exakt in das Dock, als sei es eigens für sie gebaut worden.

Die Ausmaße des Riesenschiffes zeigten sich an diesem Morgen aber auch noch an anderer Stelle. Nebenan in Dock 10 lag das Kreuzfahrtschiff Albatros von Phoenix Reisen, das sich neben der Queen mit seinen 205 Metern Länge geradezu zierlich ausnahm.

In den nächsten Tagen leisteten die Werftarbeiter Präzisionsarbeit. Nach genau abgestimmten Terminplänen wurden die Maschinen und Propeller inspiziert, Rohrleitungen und Ventile überprüft und alle Rettungsgeräte einschließlich der Boote einer Musterung unterzogen. Damit waren rund 400 Mitarbeiter der Werft und von Zulieferunternehmen, etwa 700 Mann Besatzung und weitere 500 von der Reederei verpflichtete Mitarbeiter beschäftigt. Das Auftragsvolumen für den elftägigen Aufenthalt im Hamburger Trockendock lag laut Presseberichten nach Angaben der Reederei im zweistelligen Millionenbereich.

Es war zentimetergenaue Arbeit mit dem längsten Passagierschiff der Welt. Kritisch beobachten zwei Mitarbeiter an Deck, wie sich das Schiff Meter für Meter im Schritttempo voranschiebt.

Pünktlich, wie es dem Ruf von Blohm + Voss entspricht, war die Dockzeit in den frühen Morgenstunden des 19. November 2005 beendet und die QM 2 lief elbabwärts mit Kurs auf Southampton aus.

Dass selbst Giganten leicht verwundbar sein können, diese Erfahrung machte die Schiffsführung der QUEEN MARY 2 am 17. Januar 2006. Das Schiff befand sich auf einer Reise von New York nach Rio de Janeiro. Abends lief es mit mehr als 2.000 Passagieren an Bord aus dem Hafen von Port Everglades, dem Hafen von Fort Lauderdale aus, da spürten einige Besatzungsmitglieder eine leichte Erschütterung. Zugleich zeigten die Instrumente, die die Funktion der außen liegenden Pod-Antriebe überwachten, eine Störung am vorderen Backbord-Pod an. Womit die QM 2 dort in der engen Hafenausfahrt unter Wasser kollidiert war, konnte bis heute nicht festgestellt werden.

Commodore Warwick entschied sich, die Reise fortzusetzen, da es sich um den äußeren Backbordantrieb handelte, der ohnehin nicht drehbar war, also auch für die Steuerung des Schiffes nicht benötigt wurde. Gemäß den Vorschriften musste er den Vorfall jedoch der US-Küstenwache melden. Die verlangte, die QM 2 müsse umgehend in den Hafen zum Terminal 21 zurückkehren. Taucher stiegen im Heckbereich des Schiffes ins Wasser, untersuchten die Pods und stellten tatsächlich Beschädigungen an einem der Antriebe fest. Ansonsten aber sei das Schiff unbeschädigt. Da die beiden für das Steuern des Schiffes notwendigen drehbaren Antriebe aber unbeschädigt waren, galt das Schiff als voll manövrierbar und erhielt 48 Stunden später die Genehmigung zum Auslaufen.

Unter den Passagieren allerdings hatte sich unterdessen die Stimmung verschlechtert. Sie durften während der langwierigen Untersuchungen das Schiff nicht verlassen, da die amerikanischen Sicherheitsbestimmungen dies nicht zuließen. Später forderte eine Gruppe von ihnen den vollen Reisepreis zurück.

Auch ohne den beschädigten Antrieb erreichte die QM 2 noch immer eine Geschwindigkeit von 25 Knoten. Sie konnte also ihr weiteres Kreuzfahrtprogramm wie geplant abwickeln.

Dazu gehörte auch eine Umrundung von Kap Hoorn, das zu den berüchtigsten Seegebieten der Erde zählt. Das Schiff musste diese Route wählen, weil es wegen seiner Größe nicht durch den Panamakanal fahren kann.

Der Name Kap Hoorn weckt sofort eine Reihe von Assoziationen, die sich um harte Seemänner, wilde See und starke Segelschiffe drehen. Die Fakten um Kap Hoorn sind schnell aufgezählt: Für Geografen ist es der südlichste Punkt Amerikas, gelegen auf 55° 59' Süd 67° 14' West auf der Insel Hoorn mit einer 424 Meter hohen Erhebung. Für Meteorologen ist Kap Hoorn ein Ort im Einflussbereich von Tiefdruckwirbeln, die auf ihrer oberen Seite westliche, auf ihrer unteren Seite östliche Winde mit sich führen. Sie verlaufen also entgegengesetzt zu den Tiefs in nördlichen Breiten. In der Region wurde eine Furche nie-

Ein so großes Schiff sehen auch die Mitarbeiter von Blohm + Voss nicht alle Tage. Ihr Stolz, einen solchen Auftrag erhalten zu haben, war deutlich zu spüren.

Das Schiff passt so genau in das Dock, als sei es eigens für die QUEEN MARY 2 konstruiert. Der Wulstbug ist nur noch wenige Meter von der Vorderkante entfernt, während die Bugverschanzung weiter über das Dock hinausragt.

deren Luftdruckes registriert sowie Stürme, die mit zunehmender geografischer Breite immer häufiger werden. Die Stürme können sich plötzlich und heftig bis zu Orkanstärke mit 160 km/h entwickeln, sind aber oft nur von kurzer Dauer. Ebenso schnell tritt unvermittelt Windstille ein. Selbst im Sommer kommen plötzlich Nebel und Schneestürme auf. Der Wind weht an fünf von sieben Tagen aus westlicher Richtung.

Für Ozeanografen ist Kap Hoorn der Ort, an dem zwei Ozeane sowie warme und kalte Wassermassen aufeinandertreffen. Am Kap herrscht eine starke gleichmäßige, nach Osten versetzende Strömung der Südmeere mit einer Geschwindigkeit von 2,5 Knoten und mehr. Die Wassermassen des Südmeeres, immer wieder vorwiegend von Weststürmen aufgepeitscht, verändern durch Überlagerung beim Übertritt auf flacher werdendes Wasser des Festlandsockels erheblich ihre Form. Örtlich können sich deshalb hohe Kreuzseen bilden. Ganze Wellenzüge aus verschiedenen Richtungen treffen zusammen und steilen sich an einem Ort auf. Es wurden Wellenhöhen bis zu 18 Metern gemessen.

Für Seeleute auf Frachtseglern war Kap Hoorn der Punkt der Erde, an dem alle diese Einflüsse zusammenkamen – und damit die Hölle. Selbst ein so erfahrener Windjammerkapitän wie Robert Miethe, der fünf unterschiedliche Schiffe erfolgreich um die Landspitze geführt und 42 Kap-

Hoorn-Umrundungen aufzuweisen hatte, sagte einmal: »Am Kap Hoorn hat der Teufel so viel Unheil angerichtet, wie er nur konnte. Ein Schiff oder Männer mit einem Handicap haben da nichts zu suchen, besonders nicht im Winter.«

Wie ausreichend die Antriebsanlage der QUEEN MARY 2 dimensioniert ist, zeigte sich, als das Schiff trotz seines Handicaps mit einer fehlenden Antriebsgondel die Umrundung dieses schwierigen Seegebietes problemlos schaffte und den Pazifischen Ozean erreichte.

Begeistert wurde das Schiff am 23. Februar 2006 im Hafen von Long Beach an der amerikanischen Westküste begrüßt. Dort traf die QUEEN MARY 2 zum ersten Mal mit der ursprünglichen QUEEN MARY zusammen, die dort seit 1971 als Hotelschiff liegt.

Da waren sie nun für einige Stunden in einem Hafen vereint. Das größte Schiff seiner Zeit und das längste Schiff unserer Tage. Beide in ihrer Farbgebung unschwer der Reederei Cunard zuzuordnen. Beide mit schwarzem Rumpf und weißen Aufbauten. Drei rotschwarze Schornsteine hatte die ältere der beiden, einen einzigen die heutige QUEEN. Aber beide standen für den besten Stand der Schiffbautechnik ihrer Zeit.

Unterdessen war die Frage noch immer ungeklärt, wie der beschädigte Antrieb repariert werden sollte. Tatsache war, dass die Reparatur so lange in Anspruch nehmen würde, dass eine ganze Kreuzfahrtsaison ausfallen müsste, wenn das gesamte Schiff währenddessen im Dock liegenbleiben würde. Also entschloss sich die Reederei, das Schiff einzudocken, den Antrieb für die Reparaturzeit entfernen zu lassen und die vorgesehene Kreuzfahrtsaison im Mittelmeer mit nur drei Gondeln zu absolvieren.

Den Zuschlag für diese Arbeiten erhielt erneut die Hamburger Werft Blohm + Voss, für die Reederei Cunard waren die guten Erfahrungen mit dem Hamburger Unternehmen ausschlaggebend.

Am 6. Mai 2006 also sollte die QUEEN MARY 2 wieder in Dock Elbe 17 trockengestellt werden, wie Schiffbauer es ausdrücken. Das Schiff kam wie bestellt, genau an dem Wochenende feierten die Hamburger ihren 817. Hafengeburtstag. Es waren also ohnehin mehr als eine Million Menschen an der Hafenkante. Und bei einem so spektakulären Manöver war zu erwarten, dass diese Zahl noch übertroffen werden würde.

Aber es gab doch noch einige Probleme zu lösen. Für das Eindocken benötigt die QM 2 die gesamte Breite der Elbe. Da sich während der Feier aber üblicherweise Tausende von Menschen auf den Landungsbrücken aufhalten, mussten diese während des Dockvorgangs gesperrt werden. Keine leichte Aufgabe für die Wasserschutzpolizei.

*Während der kalten Nacht schob sich die QUEEN MARY 2 wieder einmal in das
Dock Elbe 17. Der Kapitän und drei Hafenlotsen mussten erneut zentimetergenaue
Arbeit mit dem Schiffsgiganten leisten.*

Die zweite Schwierigkeit war der Zeitpunkt, zu dem das Dockmanöver gefahren wurde. Das konnte bei einem so großen Schiff nur während des Hochwasserstandes gefahren werden.

Der Blick in den Tidenkalender zeigte das Problem: Hochwasser war am 6. Mai 2006 um 23 Uhr. Zugleich auch der Zeitpunkt, zu dem traditionell das große Feuerwerk zum Hafengeburtstag abgebrannt wurde, also mit weiteren Zuschauermassen zu rechnen war. Insgesamt besuchten diesen Hafengeburtstag eineinhalb Millionen Menschen.

Doch die Stadt Hamburg bewies, dass sie durchaus ein großes Volksfest und ein spektakuläres Schiffsmanöver zur gleichen Zeit bewältigen kann. Präzise, wie schon beim ersten Mal, schob sich die QM 2 ins Dock Elbe 17, die Zuschauer an der Hafenkante waren begeistert, und als die QUEEN über den Pallen aufstoppte, explodierten am Himmel die ersten Sterne des Feuerwerks. Es war einfach ein gigantisches Spektakel, das so wirkte, als sei es eigens für dieses Lieblingsschiff der Hamburger arrangiert worden.

In den darauffolgenden Tagen nahmen Mitarbeiter der Werft die beschädigte Antriebsgondel ab, ein Schwimmkran hob sie zur Reparatur aus dem Dock. Schon 77 Stunden später lief die QUEEN MARY 2 wieder elbabwärts zu ihrer nächsten Kreuzfahrt ins Mittelmeer aus, angetrieben von nur noch drei Pods. Die Entscheidung der Reederei, das Schiff sehr stark zu motorisieren, zahlte sich aus.

Es war ein kalter Novemberabend des Jahres 2006 mit scharfem Wind, als die QUEEN MARY 2 erneut elbaufwärts kam, um ihren inzwischen reparierten Antrieb wieder abzuholen. Während der nächsten Tage setzten die Mitarbeiter von Blohm + Voss nicht nur die Antriebsgondel wieder an, sie verbreiterten auch die beiden Nocken der Brücke, damit die Nautiker einen besseren Blick nach achtern haben könnten.

Während des erneuten Eindockens musste sich Anja Tabarelli, die Geschäftsführerin des Cunard-Büros in Deutschland, den gutmütigen Spott eines Schifffahrtsjournalisten gefallen lassen. Nun sei das Eindocken in das enge Dock Elbe 17 ja keine besondere Leistung mehr, sondern nur noch Routine.

Das Schiff ist auf der richtigen Position über den Pallen, auf denen es während der Werftzeit stehen wird. Danach wird das Wasser aus dem Becken gepumpt.

In ein offenes Schiff blicken selbst Werftarbeiter nicht alle Tage.
Für die Verlängerung war die BALMORAL von Werftmitarbeitern in
der Mitte auseinander geschnitten und auseinander geschoben worden.

BALMORAL – SO VERLÄNGERT MAN EIN SCHIFF

Zu den Giganten der Meere zählt das Kreuzfahrtschiff BALMORAL der norwegischen Reederei Fred. Olsen Cruise Line sicherlich nicht. Auch nicht, nachdem es bei der Hamburger Werft Blohm + Voss um etwa 30 Meter auf 217 Meter verlängert wurde. Aber es ist ein gutes Beispiel, wie eine Reederei bei dem Markttrend zu größeren Schiffen mithalten kann, ohne gleich einen Neubau in Auftrag zu geben.

Die heutige BALMORAL, benannt nach einer schottischen Siedlung, in der auch Balmoral Castle steht, die Sommerresidenz der britischen Königsfamilie, war 1988 bei der Meyer Werft in Papenburg gebaut worden. Auftraggeber war seinerzeit die Royal Cruise Line, die das Schiff auf den Namen CROWN ODYSSEY taufte. Ein Jahr später wurde Royal Cruise Line aufgelöst und ging in der Norwegian Cruise Lines auf. Das Schiff wechselte seinen Namen in NORWEGIAN CROWN. 2006 kaufte die norwegische Reederei Fred. Olsen die NORWEGIAN CROWN und vercharterte sie an die Reederei Star Cruises. Während der Umbauten auf der Hamburger Werft wechselte das Schiff seinen Namen dann in BALMORAL.

Zwischen der traditionsreichen Hamburger Werft und Vertretern der Reederei Fred. Olsen, die bereits seit vielen Jahren Kunde des Schiffbau-Unternehmens ist, wurde am 5. April 2007 nach mehr als zwei Jahre dauernden Verhandlungen bei einem Treffen in Madrid der Vertrag zur Verlängerung des Schiffes unterzeichnet. Blohm + Voss gab gleich danach der Schichau Seebeck Werft in Bremerhaven den Auftrag zum Bau einer 30,20 Meter langen Mittschiffssektion. Auf den Anlagen der eigenen Werft an der Elbe waren dafür keine Kapazitäten frei. Mit der Veränderung von Schiffslängen aber haben die Hamburger Schiffbauer Erfahrung. Im Jahr 1994 nahmen sie aus drei Containerschiffen der US-Reederei Sea-Land jeweils 28 Meter lange Teile heraus. Danach waren die Schiffe nur noch 261 Meter lang. Der Containerboom des 21. Jahrhunderts mit seinem Bedarf an großen Schiffen war noch nicht abzusehen.

Im Jahr 2006 baute Blohm + Voss in drei Papierfrachter jeweils 20 Meter lange Mittelstücke ein, das dauerte pro Schiff nur 28 Tage, obgleich saubere Feinarbeit zu leis-

ten war. Denn alle Schweißnähte mussten einwandfrei glatt geschliffen werden, damit die empfindlichen Papierrollen im Seegang nicht an scharfen Graten beschädigt wurden.

So schnell ließ sich die Verlängerung eines Passagierschiffes nicht bewerkstelligen, denn mit der Vielzahl der Kabinen, Gänge und sanitären Einrichtungen fiel dabei wesentlich mehr Arbeit an, als bei den großflächigen Laderäumen von Papiertransportern.

Die neue, bereits schwimmfähige Mittschiffssektion der BALMORAL lief bei der Seebeckwerft am 6. Oktober 2007 in traditioneller Weise vom Stapel. Am 30. Oktober traf sie, gezogen von zwei Schleppern, vor dem Tor von Dock Elbe 17 ein, in dem sie trockengestellt wurde.

Die Sektion, die zur Verlängerung eingesetzt werden sollte, lag neben dem Schiff schon bereit. Es blieb in der Breite nicht viel Platz im Dock.

Von der Nordseite der Elbe war deutlich zu sehen, dass jeweils nur ein Meter Platz zwischen dem Schiff, den Dockwänden und der neuen Sektion war.

*Meter für Meter schoben hydraulische Pressen die beiden Schiffshälften auseinander,
bis Platz genug war, die neue Sektion dawischenzuschieben.*

Es ist fast geschafft. Die Lücke zwischen den beiden Schiffshälften muss nur noch wenige Meter verbreitert werden.

Am 5. November gingen in New York rund 100 Mitarbeiter von Blohm + Voss an Bord der NORWEGIAN CROWN. Sie sollten während der Überfahrt von der Neuen zur Alten Welt alles dafür vorbereiten, das Schiff im Hamburger Dock buchstäblich in der Mitte zu zersägen. Sie nahmen Wand- und Deckverkleidungen ab, trennten ungefähr 2.000 Kabelverbindungen. Dabei mussten sie darauf achten, diese zu kennzeichnen, dass sie nach der Verlängerung wiedergefunden und richtig mit den neuen Verbindungen verbunden werden konnten. Einfacher war es bei den rund 40 Rohrleitungen, weil sie größere Durchmesser hatten.

Am 16. November traf die NORWEGIAN CROWN vor Dock Elbe 17 ein. Nun war zentimetergenaue Maßarbeit mit mehrere tausend Tonnen schweren Lasten gefordert. Das Dock Elbe 17 ist 59,20 Meter breit. Der Schiffsrumpf und die Mittschiffssektion bringen es auf jeweils 28,21 Meter Breite. Für die Verlängerung mussten beide im Dock nebeneinander manövriert werden. Da blieb zwischen Dockwänden und den beiden Schiffsteilen jeweils noch nicht einmal ein Meter Platz. Doch das Manöver glückte.

Nachdem die NORWEGIAN CROWN trockengestellt war, setzten die Mitarbeiter der Werft diamantbesetzte Kreissägen an. Von Hand sägten sie 1.500 Meter Trennschnitte, dann lagen zwei halbe Schiffe im Dock.

Vorschiff und Mittelteil waren beim Leerpumpen (Lenzen) des Docks auf teflonbeschichteten Schienen abgesetzt

Der Kapitän spielte mit und stellte sich für den Fotografen so in Position, als würde er sein Schiff mit den Händen auseinander pressen.

worden. Sie sollten das Verschieben der einzelnen Schiffsteile erleichtern. Das Vorschiff wog allein 9.000 Tonnen, das neue Mittelschiff 3.500 Tonnen.

Dann setzten hydraulische Pressen an und schoben das Vorschiff Meter um Meter nach vorn. Das ging stückweise, denn nach knapp einem Meter mussten die Pressen auf den Schienen versetzt werden, um das nächste Stück schieben zu können.

Als die Lücke groß genug war, setzten die Pressen seitlich an, um das Mittelstück in das Schiff zu schieben. Das dauerte eine Nacht. Nachdem die Schweißer ihre Arbeit beendet hatten und nun ein 217 Meter langes Schiff im Dock lag, mussten andere Mitarbeiter der Werft wieder alle Kabelverbindungen finden und verbinden. Einschließlich der Mitarbeiter von Zulieferfirmen waren bei diesen Arbeiten 250 Menschen beschäftigt.

Menschen, die in der Schifffahrt beschäftigt sind, lieben zeremonielle Handlungen. So gab es in einem Zelt neben dem Dock an jenem Tag, als der Rumpf vollständig zersägt war und damit begonnen werden konnte, ihn auseinander zu schieben, eine Torte in Form des Schiffes. Eine kleine Torte, in die jedoch nach dem Zerschneiden ein Mittelstück eingeschoben wurde und sie damit verlängerte, so dass sie für alle Zuschauer des technischen Spektakels ausreichte.

Am 18. Januar ging die NORWEGIAN CROWN unter dem neuen Namen BALMORAL auf Probefahrt, am 22. Januar wurde sie an die Reederei abgeliefert. An Bord war nach der Verlängerung noch immer Platz für 1.360 Passagiere, aber anstelle in zweistöckigen Betten zu schlafen, gab es nun in allen Kabinen Betten, die nebeneinander stehen. Reederei und Werft hatten keinen Aufwand gescheut, um den Passagieren künftig mehr Komfort zu bieten.

Die neue Sektion wurde während einer einzigen Nacht an ihre Position geschoben. Dann begannen Mitarbeiter der Werft, das verlängerte Schiff zusammenzuschweißen.

Während auf dem Bildschirm im Hintergrund der Fortschritt der Arbeit zu verfolgen war, zerschnitt ein Kellner eine Torte in Schiffsform. Er setzte dort an, wo auch das Schiff zerschnitten war.

Schon während der Ausbauphase bot die FREEDOM OF THE SEAS in der Werft im finnischen Hafen Turku einen beeindruckenden Anblick.

FREEDOM OF THE SEAS – EIN VERGNÜGUNGSPARK ZUR SEE

Eine Wette abzuschließen, waren nur wenige bereit. Die Frage aber, ob zum ersten Anlauf der FREEDOM OF THE SEAS in Hamburg zum Osterfest 2006 ebenso viele oder vielleicht sogar noch mehr Menschen in den Hafen kommen würden, wie beim Besuch der QUEEN MARY 2, war schon interessant. Denn der Neubau der Aker Werft im finnischen Turku war mit einer Bruttoraumzahl von 154.407 vermessen und damit größer als das britische Schiff, das bis dahin als größtes der Welt galt. Die QUEEN hatte bei ihrem ersten Besuch in Hamburg Hunderttausende von Schaulustigen auf die Beine gebracht und in der Stadt für ein Verkehrschaos gesorgt.

Lockte allein der Superlativ Schaulustige an, oder war es bei der QUEEN auch das nostalgische Flair, einer der letzten Ozeanliner zu sein?

Die Hamburger Behörden hatten sich für den großen Ansturm gewappnet. Auf der Elbe, nahe der Hamburger Landesgrenze, lagen noch in der Dunkelheit morgens um drei Uhr dieses kalten Ostermontags das Polizeiboot AFRIKAHÖFT mit drei weiteren Fahrzeugen der Hamburger Wasserschutzpolizei. Die Besatzung unter Manfred Mildahn hatte von dort aus alle aufkommenden Schiffe im Blick, aber auch die beiden Einfahrten zum Wedeler Yachthafen. Sorge bereitete den Beamten nämlich nicht das große Schiff, sondern die vielen kleinen Sportboote, so wie sie beim Besuch der QUEEN MARY 2 auf der Elbe unterwegs waren. Wenn ein so kleines Boot dem Riesen zu nahe kommen würde, konnte es leicht in den Sog der Propeller geraten, die immerhin von einer 75.600 kW starken Maschine angetrieben wurden.

William Wright übernahm als erster Kapitän das Kommando über das Schiff.

Die FREEDOM OF THE SEAS ist breiter als die QUEEN MARY 2. Besondere Sorgfalt verlangten die runden Vorbauten auf den oberen Decks.

Im Licht des frühen Morgens dreht das größte Schiff der Erde in das Dock Elbe 17 von Blohm + Voss. Sorgen bereiteten den Verantwortlichen die ausladenden gläsernen Vorbauten auf den oberen Decks.

Im Hamburger Dock sollte untersucht werden, ob das Schiff bei der Fahrt durch vereiste Fahr-rinnen in Finnland Schäden erlitten hatte, die vor der Ablieferung noch zu beseitigen waren.

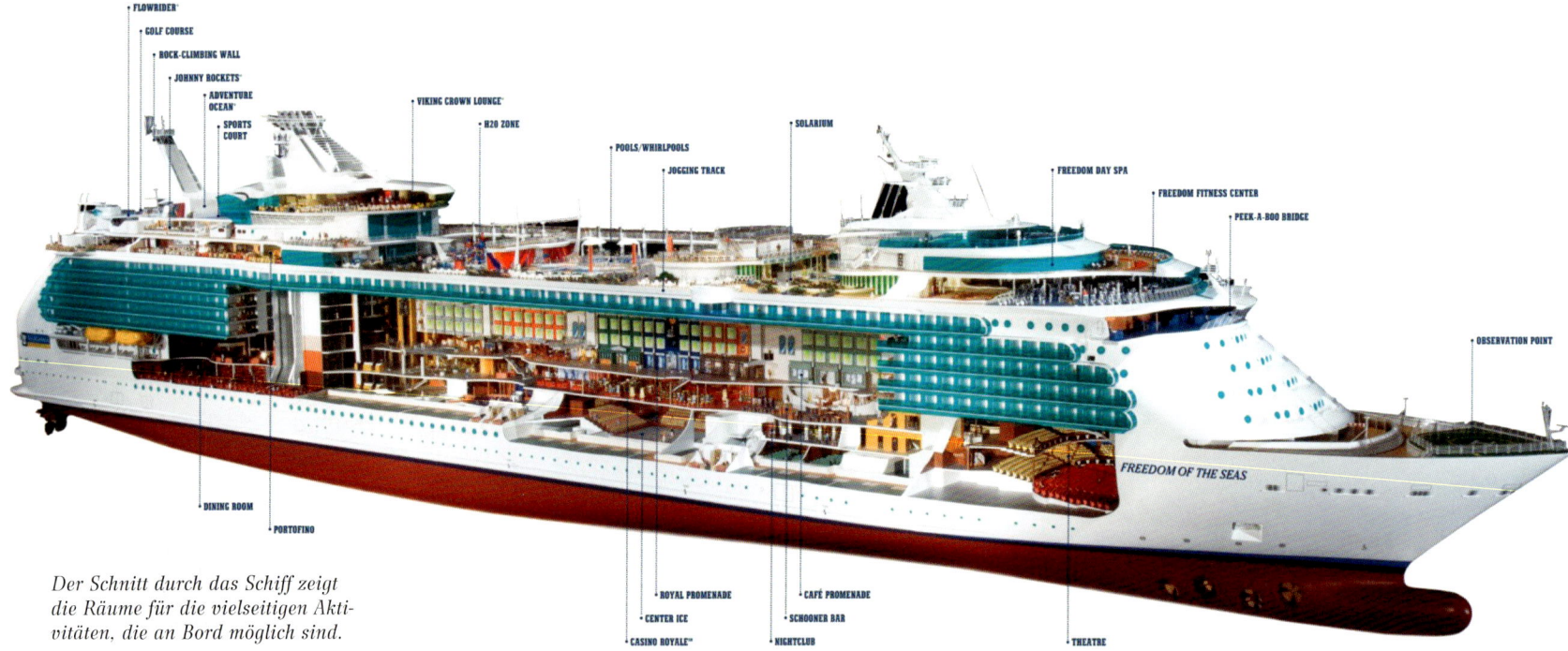

FLOWRIDER
GOLF COURSE
ROCK-CLIMBING WALL
JOHNNY ROCKETS
ADVENTURE OCEAN
SPORTS COURT
VIKING CROWN LOUNGE
H2O ZONE
POOLS/WHIRLPOOLS
JOGGING TRACK
SOLARIUM
FREEDOM DAY SPA
FREEDOM FITNESS CENTER
PEEK-A-BOO BRIDGE
OBSERVATION POINT
FREEDOM OF THE SEAS
DINING ROOM
PORTOFINO
ROYAL PROMENADE
CENTER ICE
CASINO ROYALE
CAFÉ PROMENADE
SCHOONER BAR
NIGHTCLUB
THEATRE

Der Schnitt durch das Schiff zeigt die Räume für die vielseitigen Aktivitäten, die an Bord möglich sind.

Doch im Sportboothafen blieb es recht ruhig, viele Wassersportler hatten so früh zu Saisonbeginn ihre Boote noch gar nicht im Wasser. Außerdem sollten diese vier Polizeiboote mitlaufen und die Elbe vollständig absperren, wenn das eigentliche Eindocken begann.

Es war noch immer dunkel, als das Schiff am Horizont auftauchte, unübersehbar mit den hell erleuchteten Decks. Ruhig zog es elbaufwärts, dem Dock Elbe 17 entgegen, während es über Hamburg langsam hell wurde.

Da der Hafen von Turku beim Verlassen der Werft am 13. April noch vereist war und das Schiff 67 Seemeilen zwischen kleinen Inseln sowie engen Kanälen und schmalen Durchfahrten durch Eisschollen fahren musste, sollte in der Hamburger Werft untersucht werden, ob der Unterwasseranstrich noch immer einwandfrei war oder die Pod-Antriebe dabei beschädigt worden waren. An einer der Gondeln musste außerdem eine Welle erneuert werden. Außerdem waren vor der Ablieferung an die Royal Caribbean Cruise Line noch Restarbeiten zu erledigen.

Als der rötliche Schimmer am Horizont immer heller wurde, begannen Schlepper das schwimmfähige Tor vor Dock Elbe 17 auf den Haken zu nehmen. Das enge Becken, in das der Riese eindocken sollte, war nun zur Elbe hin offen. Zuerst auf der Steuerbordseite, dann an Backbord übergaben Besatzungsmitglieder zwei Leinen, an denen das Schiff geführt werden sollte, denn bei dieser ge-

ringen Geschwindigkeit ließ es sich nicht mehr von der Kommandobrücke aus steuern.

Nach den Plänen der finnischen Bauwerft hatten die Mitarbeiter von Blohm + Voss Pallen errichtet, auf die der Kiel abgesenkt wurde. Referenzmarken am Rumpf zeigten, ob das Schiff dafür in der richtigen Position war.

An den Ufern standen derweil Tausende Menschen, die sich das spannende Dockmanöver ansahen. Die Landungsbrücken waren aus Sicherheitsgründen gesperrt worden. Bei der QUEEN MARY 2 waren es Hunderttausende gewesen. Die Fangemeinde der QUEEN schien doch größer zu sein. Und sie ließ sich ihr Superschiff auch nicht so leicht vom Thron holen. Die QM 2 sei zwar nach Vermessung nicht mehr das größte Schiff, aber doch noch immer das längste, argumentierten sie.

Für die Mitarbeiter der Werft Blohm + Voss war das Eindocken eine Herausforderung, aber sie hatten mit der QM 2 ja bereits ihre Generalprobe mit einer ähnlichen Größenordnung bestanden. Gedanken machte Werftkapitän Hans Meggers sich jedoch wegen der größeren Breite der FREEDOM OF THE SEAS. Sie ist mit 56 Meter nur drei Meter schmaler als die größte Breite des Docks. Außerdem hat sie auf jeder Seite zwei verglaste Kanzeln, die noch über den Rumpf hinausragen. Die müssten beim Eindocken gewissermaßen mit zwei kleinen Schwenks an den Dockkränen vorbeigeholt werden. Es war glücklicherweise an diesem Morgen nahezu windstill.

Mit seinem Dienstfahrrad war Hans Meggers überall, hatte alle Mitarbeiter im Blick und trotzdem noch Zeit für einen freundlichen Gruß, wenn er unter den Gästen oder wartenden Journalisten bekannte Gesichter entdeckte.

Ebenso aufmerksam verfolgte Peter Vedden als Vertreter und Sachverständiger von der Reederei das Dockmanöver.

In den nächsten Tagen begannen nicht nur die Untersuchungen an den Pod-Antrieben und die letzten Ausrüstungsarbeiten, es wurden auch letzte Farbarbeiten erledigt.

Nach dem Ausdocken am 22. April 2006, eine Stunde vor Mitternacht, und einer kurzen erfolgreichen Testfahrt auf der Nordsee, legte sie bereits am Tag darauf um 13.30 Uhr in Hamburg am Kreuzfahrtterminal auf dem Grasbrook in der HafenCity an. Einen weiteren Tag später wurde die FREEDOM OF THE SEAS am Kreuzfahrtterminal im Rahmen einer großen Feier offiziell an die Reederei übergeben.

Während dieser Zeit präsentierte sich das Schiff auch für Medienvertreter und Mitarbeiter von Reisebüros.

Sie erlebten erstmals die beeindruckenden Dimensionen der FREEDOM OF THE SEAS. Die Baureihe hat als Basis die Schiffe der Voyager-Klasse derselben Reederei, ist aber einen Bauabschnitt länger und erreicht deshalb 338,75 Meter Länge. Deshalb wird sie auch gern als »Ultra-Voyager« bezeichnet. Damit ist sie zwar kürzer als die QUEEN MARY 2, aber da sie mit 56 Meter breiter als das britische Schiff ist, erreicht sie eine BRZ von 154.407. Die wiederum ist höher als diejenige der QM 2 und der entschei-

dende Wert für die Bemessung der Schiffsgröße. Nach dieser BRZ richten sich auch die Kanal- und Hafengebühren sowie die Gebühren für Lotsen und Schlepper. Außerdem hat das Schiff rund 600 Passagierkabinen mehr als die britische Konkurrentin. Sie kann darin 4.370 Fahrgäste unterbringen, die von 1.360 Mannschaftsmitgliedern betreut werden.

Es gibt 242 Außenkabinen ohne Balkon, 842 Kabinen mit Balkon und 733 Innenkabinen, davon 172 mit Blick auf die Promenade. Die neue Präsidentensuite zum Beispiel bietet bis zu 14 Kreuzfahrern gleichzeitig Platz und ist mit 188 Quadratmetern die größte Suite, die Royal Caribbean bisher überhaupt angeboten hat.

Vom Kiel bis zur Oberkante des Schornsteins misst die FREEDOM 72,3 Meter. Das sind 18 Decks, von denen nur drei nicht öffentlich zugänglich sind, weil sie für den Betrieb des Schiffes und für die Unterkunft der Mannschaften benutzt werden. Sie verfügt über sechs Dieselmotoren in Common-Rail-Technik, die zusammen 75.600 Kilowatt leisten. Aus dieser Energie werden drei Azipod-Antriebe angetrieben, zwei der Antriebsgondeln sind beweglich, eine bleibt starr. Die Geschwindigkeit beträgt 21,6 Knoten.

Am 8. November 2004 wurde das erste Bauteil ins Dock gesetzt, am 20. August 2005 dockte der Rumpf aus und am 24. April 2006 wurde das Schiff abgeliefert. Die Champagnerflasche zur Taufe zerschellte am 12. Mai im Hafen von New York. Als Taufpatin wollte die Reederei keine Prominente auftreten lassen, sondern entschied

In den vorgewölbten Kanzeln auf den oberen Decks finden sich Whirlpools. Von dort aus hat man einen herrlichen Blick über die See, während man von heißem Wasser umsprudelt wird.

Nach dem Aufschwimmen des Schiffes in der finnischen Werft drückten drei Schlepper die FREEDOM OF THE SEAS gegen den Werftkai.

Das Innere des Schiffes lässt schnell vergessen, auf See zu sein. Da gibt es eine Passage, in der sogar ein geparkter Sportwagen Platz hat. Großzügige Treppenaufgänge führen zu den höher liegenden Decks ...

... und über einen Lichthof führt sogar eine Brücke. Die Wegweiser, die Orientierung über die Decks geben, sind im gleichen Stil gestaltet.

sich für eine Frau mit großem sozialen Engagement. Das Unternehmen ließ die möglichen Patinnen wochenlang werbewirksam in der NBC Today Morning Show präsentieren. Die Wahl der Zuschauer fiel dann auf Katherine Louise Calder aus Oregon, die als Pflegemutter in 27 Jahren mehr als 400 Kindern Geborgenheit und ein Zuhause gegeben hat.

Nach der SOVEREIGN OF THE SEAS, der VOYAGER OF THE SEAS und der EXPLORER OF THE SEAS ist die FREEDOM OF THE SEAS der vierte Neubau der Reederei, der bei Ablieferung den Titel »Größtes Kreuzfahrtschiff der Welt« trägt. Diesen Superlativ wird die Reederei auch für die nächsten Jahre für sich in Anspruch nehmen. Anfang 2006 gab sie mit dem »Project Genesis« ein weiteres Kreuzfahrtschiff bei Aker Finnyards in Auftrag. Es soll im Herbst 2009 fertig sein und mit 220.000 BRZ neuer Rekordhalter werden.

So viel zur Technik und den Ausmaßen der FREEDOM OF THE SEAS. Wer an Bord kommt und das Schiff erkundet, was bei diesen Ausmaßen und der Vielfalt der unterschiedlichen Einrichtungen an Bord einige Zeit dauert, der erlebt Überraschungen. Eigentlich braucht man dieses Schiff während einer gesamten Kreuzfahrt nicht zu verlassen und wird trotzdem keine Langeweile haben. Eine der größten Überraschungen ist sicherlich die Royal-Promenade. Dieser Boulevard bietet auf 135 Meter Länge und vier Decks Höhe eine Vielzahl von Cafés, Restaurants, Geschäften und Dienstleistungen. Sie alle öffnen sich zur Promenade hin, haben Tische und Stühle vor der Tür. Die Promenade selbst ist so breit, dass ein dort abgestellter Sportwagen vom Typ Morgan keineswegs im Weg steht und auch nicht deplaziert wirkt. Sie bietet mehr Vielfalt als die Fußgängerzone mancher kleinen Stadt. Dort stehen ein Friseursalon und eine Eisdiele von Ben & Jerry's nebeneinander, gleich gegenüber gibt es ein Café und daneben einen Pub, ein Restaurant im Stil der 50er Jahre oder eine Pizzeria. Und so ziehen sich die Angebote die gesamte Promenade entlang. Man kann glatt vergessen, auf einem Schiff zu sein. Eher macht das Schiff besonders hier und natürlich in den Spielcasinos den Eindruck, es habe den Passagier nach Las Vegas verschlagen. Da überrascht es fast, dass auf dem Bootsdeck eine ganze Reihe von Liegestühlen steht, wie auf einem Passagierdampfer der Goldenen Zwanziger Jahre. Es gibt also auch Orte auf dem Riesenschiff, an denen man dem Rummel entkommen kann.

Für sportliche Aktivitäten stehen nicht nur der übliche Fitnessraum und ein Pool zur Verfügung. Es gibt eine Bade- und Erlebnislandschaft auf 2.200 Quadratmeter Fläche. Sie ist von einer bunten Skulpturenlandschaft aufgelockert.

Surfer können auf dem Achterschiff auf dem Flow Rider 34 Meter über dem Meeresspiegel auf einer Welle reiten. Sie ist zehn Meter breit, 12 Meter lang und fällt von Deck 13 auf Deck 12 ab. Dort schießen 113 Kubikmeter Wasser pro Minute mit einer Geschwindigkeit von 13 Metern pro Sekunde aufwärts. Eine echte Herausforderung. Damit Anfänger, die diese Herausforderung annehmen, sich bei einem Sturz nicht verletzen, fließt das Wasser wie ein dünner Teppich über einen speziellen Untergrund, der Stöße und Stürze sanft abfängt.

Wer eher hoch hinaus will, kann auch dies auf der FREEDOM OF THE SEAS: zumindest 13 Meter hoch. Aber das ist eine Menge, wenn man an einer 169 Quadratmeter großen Kletterwand nur winzige Vorsprünge als Halt hat.

Für Mannschaftssportarten bietet sich der Sportplatz an, auf dem eine verwirrende Vielfalt von Feldmarkierungen für die unterschiedlichsten Ballsportarten vorhanden ist. Nicht weit entfernt findet sich ein Minigolfplatz mit neun Löchern.

Passionierte Eisläufer brauchen auch in der tropischen Hitze der Karibik nicht auf ihren Sport zu verzichten. Auf einem der untersten Decks gibt es eine so große Eislaufbahn, dass dort eine Eisrevue auftreten kann. Rundherum ist deshalb auch Platz für 800 Zuschauersitzplätze.

Surfen hoch über dem Meeresspiegel ermöglicht der Flow Rider. Er ist besonders für Anfänger geeignet, denn der gepolsterte Untergrund fängt Stürze sanft ab.

Während der Dockzeit in Hamburg war die FREEDOM OF THE SEAS von geschäftigen Werftarbeitern belebt. Kurze Zeit später stellte sich das Schiff am Kreuzfahrt-Terminal der Fachöffentlichkeit vor.

Es gibt einen Boxring und Whirlpools, von denen aus man einen weiten Blick über die See hat.

Allabendlich läuft in dem Theater mit 1.350 Sitzplätzen ein vielseitiges, täglich wechselndes Showprogramm. Und wer nicht zum Vergnügen an Bord ist, kann dort auch arbeiten. Konferenzräume für Tagungen, mit allen Kommunikationseinrichtungen, wie sie heute bei Kongressen üblich sind, stehen an Bord auch zur Verfügung.

Der Schiffsriese blieb nicht allein in der Flotte: Im Frühjahr 2007 wurde die gleich große LIBERTY OF THE SEAS abgeliefert, 2008 folgte die INDEPENDENCE OF THE SEAS.

Das letztgenannte Schiff hat Southampton als Heimathafen und soll auch auf dem europäischen Markt eingesetzt werden.

»Mit der INDEPENDENCE OF THE SEAS bringen wir die Freedom-Klasse erstmals nach Europa und setzen damit neue Maßstäbe auf dem hiesigen Markt. Sie bietet Urlaubern, die einen aktiven und erlebnisreichen Urlaub auf See verbringen wollen, eine in Europa bislang einzigartige Vielfalt an innovativen Bordeinrichtungen«, sagte Tom Fecke, Country-Manager für Deutschland und die Schweiz bei der Vorstellung des Schiffes.

SCHIFFE WERDEN GRÖSSER – DIE GENESIS-KLASSE KOMMT

Das erste Bauteil mit der Nummer 620, das der hohe blaue Bockkran der Aker Werft in der finnischen Hafenstadt Turku in das Trockendock hob, war nur 22 Meter breit und 570 Tonnen schwer. Aber selbst Giganten wachsen in kleinen Stücken. Und weil es ein Gigant werden sollte, wurde das Teil in jener kalten Dezembernacht

nicht einfach abgesetzt, Werftleitung und Reederei veranstalteten eine Show, bei der die Zeremonie von Trompetenklängen eingeleitet wurde, bunte Lichter zuckten und künstliche Nebel durch die Halle wallten. Trotz solcher modernen Effekte wurde aber auch die Tradition nicht vergessen. In einer Stahlkiste unter dem Kiel sind nach alter

Auf der OASIS OF THE SEAS gibt es einen Central-Park, der von Kabinen umgeben ist. Die Aufbauten des Schiffes sind U-förmig, also nach achtern offen.

Sektion für Sektion wächst das erste Schiff der Genesis-Klasse. Die Arbeiten kann auch der finnische Winter nicht aufhalten.

Schiffbauersitte die traditionellen Glücksmünzen eingeschweißt.

Mit diesem vergleichsweise kleinen Teil begann der Bau eines Schiffes, das vom Herbst 2009 an das größte der Welt werden soll. Mit einer Länge von 360 Metern wird es länger als die bisherige Längenrekordhalterin QUEEN MARY 2 (345 Meter), und mit einer Bruttoraumzahl von etwa 220.000 auch nach Vermessung größer als das derzeit größte Schiff der Welt, die FREEDOM OF THE SEAS (154.407 BRZ).

Der Kreuzfahrtmarkt ist im Wandel, diese Art zu reisen wird immer beliebter. Um günstige Preise bieten zu kön-

nen, geht der Trend zum großen Schiff. Die Reederei Royal Caribbean Cruises aus Miami in den USA hat den Neubau in Auftrag gegeben, der den Projektnamen Genesis trägt. Im Mai 2008 gab die Reederei dann auch den zukünftigen Namen bekannt. Er wird OASIS OF THE SEAS lauten.

Doch bevor das Schiff mit 5.400 Gästen und etwa 2.000 Mann Besatzung seine Reisen starten kann, muss die Aker Werft unter Hochdruck arbeiten. Es sind 525.000 Quadratmeter Stahl zu verarbeiten, 2.500 Kilometer Schweißnähte zu ziehen und anschließend müssen 630.000 Liter Farbe dem Ganzen ein gutes Aussehen verleihen. Jeder Wert für sich ist rekordverdächtig, und das hat seinen Preis: 1,24 Milliarden Dollar wird die Genesis kosten, auch das ist ein Rekord. Mit umgerechnet 230.000 Dollar je Bett wird sie auch das teuerste Schiff, das jemals gebaut wurde.

Wirtschaftlich machen die Reederei-Manager aber eine einfache Gleichung auf. Mehr Menschen an Bord und weniger Treibstoffverbrauch könnten dazu führen, das größte Schiff der Welt trotz der Milliardeninvestition schon nach fünf bis acht Jahren in die Gewinnzone zu fahren. Ältere Schiffe schaffen das in der Regel erst nach zehn Jahren.

Außerdem sollen der finnische Staat und Europas Steuerzahler über Exportbürgschaften und Zinsänderungsgarantien mehr als 200 Millionen Euro zu dem Mammutprojekt beigesteuert haben. In Finnland sichert der Bau über Jahre hinweg 5.800 Jobs.

Heimathafen soll Fort Lauderdale im US-Staat Florida werden.

Die Reederei will die Spannung auf den Schiffsgiganten steigern, der neue Maßstäbe setzt, und geizt mit Informationen. Aber so viel ist zu erwarten, Freizeiteinrichtungen, die heute zum Standard auf Kreuzfahrtschiffen gehören, werden auch auf diesem Schiff nicht fehlen. Also: Kletterwand, Eiskunstlaufbahn, Bowlingbahnen, eine Anlage für Wellenreiter, einen Boxring und Lounges mit Billardtischen, die von selber den Wellengang ausgleichen. Selbstverständlich sind auch Theater, Shopping-Meile, Casino, Fitness-Center, Minigolf, Spa, Schwimmbecken sowie verglaste Whirlpools, die an den Seiten des Schiffs über dem Meer schweben, an Bord.

Hin und wieder sickern Details der Zulieferunternehmen durch. So etwa, dass der deutsche Hersteller Krone 41 Fahrstühle einbauen soll.

Die Geheimniskrämerei bei Royal Caribbean trägt Früchte, die Gerüchteküche brodelt. Das Unternehmen hat nur angekündigt, es wird einige Attraktionen geben, wie sie auf hoher See noch nie da gewesen sind. Das führte schon zu Mutmaßungen über Ponyreiten an Bord, einen Tauchtunnel mit Fischen, einen Start- und Landeplatz für Kleinflugzeuge oder gar eine Wiese mit echten Kühen.

Einiges jedoch ist schon zu sehen. Die Reederei zeigt Zeichnungen einiger besonders interessanter Orte auf dem Schiff. Dazu gehören ein 100 Meter langer und mehrere Decks hoher Central-Park mit echten Palmen und Grünflä-

chen, auf denen sich auch Leseecken, Schach-, Pergola- und Skulpturengärten finden. Die angrenzenden Innenkabinen haben, was sonst nicht möglich ist, Fenster. Sie bieten einen Blick auf diesen Central-Park.

Schon 2010 soll in Turku ein baugleiches Schwesterschiff folgen – jedes Projekt ist mit etwa 600 bis 800 Millionen Euro veranschlagt.

Zweifel am Konzept solcher Großschiffe äußerte der bekannte Kreuzfahrtkritiker und Autor des Berlitz-Schiffsführers, Douglas Ward. Er glaubt, dass die Infrastruktur an Bord und der Häfen dem Ansturm solcher Menschenmassen nicht gewachsen sei. Damit könnte die Gigantomanie der GENESIS alles, was an Bord von großen Schiffen nervt, noch steigern. Die kilometerlangen Warteschlangen beim Einchecken an Bord, besonders in Häfen der USA wegen der hohen Sicherheitsanforderungen, Warteschlangen an Buffets, Fahrstühlen, Rezeption, Ausflugsbüro oder beim Auschecken für Landgänge. Allein die Aussicht, 5.400 Menschen für ihre Landausflüge auf mehr als 100 Busse im Hafen zu verteilen, empfindet er als schwierig. Bleibt abzuwarten, wie er das fertige Schiff beurteilen wird.

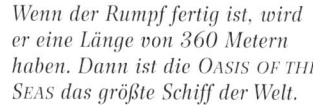

Das Dock der Aker Werft in Turku zählt zu den größten der Erde.

Wenn der Rumpf fertig ist, wird er eine Länge von 360 Metern haben. Dann ist die OASIS OF THE SEAS das größte Schiff der Welt.

131

An den Aufbauten der OASIS OF THE SEAS ist bereits der Bereich des Central-Parks als großer Freiraum auf einem der oberen Decks zu erkennen.

Entwürfe der Innenarchitekten geben einen ersten Eindruck davon, was die Passagiere auf dem künftig größten Schiff der Welt erwarten wird.

Die Vergangenheit der Zukunftsvisionen

Bis in die sechziger Jahre des 20. Jahrhunderts glaubten Menschen an grenzenloses Wachstum technischer Projekte auf See. Visionen aus den zwanziger Jahren zeigten schon eine künstliche Insel mit einem außen liegenden Hafen für Seeschiffe, einem geschützten Hafen für Wasserflugzeuge und einem Landeplatz für Luftschiffe. Die stromlinienförmigen Schiffe dagegen sollten von großen radförmigen Schwimmern vorangetrieben werden, die mit ihren Schaufeln zugleich wie die Räder früher Dampfer wirkten. Die Stabilität im Seegang allerdings wäre fraglich gewesen. Das Schnellschiff unten rechts sollte von einem riesigen abgekapselten Propeller vorangetrieben werden. Eine Idee, die heute auf andere Art verwirklicht wurde. Die modernen Pod-Antriebe ziehen Schiffe tatsächlich voran und schieben sie nicht mehr. Und auch Katamarane, wie jener auf der gegenüberliegenden Seite, sind längst ein vertrauter Anblick auf den Gewässern.

134

INGENIEURE PLANEN WEITER – SO GROSS WERDEN DIE SCHIFFE DER ZUKUNFT

Urlaub auf dem Meer wird immer beliebter. Eine Vielzahl von Gästen allerdings sucht nicht das Erlebnis Schiff. Diese Urlauber wollen sportliche Aktivitäten wie Segeln, Tauchen, Surfen und kaum Landausflüge. Sie suchen eine schwimmende Basis, die immer dort sein kann, wo das Wetter am schönsten und das Wasser am wärmsten und klarsten ist.

Für sie zeichnete der schwedische Designer Fredrik Johansson das geeignete Schiff. Seine Computeranimation zeigt einen langen Rumpf, der zwar schwerfällig wie ein Wal im Wasser liegt, um den herum sich aber eine Vielzahl maritimer Freizeitaktivitäten abspielt.

Größe, Maße und Antriebsart sowie Baubeginn und Indienststellung sind noch nicht bekannt, denn der schwedische Entwurf war bisher lediglich während einer Show im National Maritime Museum in London zu sehen, die das schwedische Designbüro Tillberg Design veranstaltet hatte. Ein anderer interessanter Entwurf zeigt ein riesiges,

aber schlankes Schiff, das ebenfalls Mittelpunkt von lebhaften Wassersportaktivitäten ist.

Für Tillberg Design arbeiten keineswegs Phantasten. Das Unternehmen mit Niederlassungen im schwedischen Viken, in London und Fort Lauderdale ist bekannt für die Innen- und Außenarchitektur großer Kreuzfahrtschiffe. Auch die für ihr Aussehen so bewunderte QUEEN MARY 2 entstand auf den Entwurfscomputern des Designbüros.

Angefangen bei der Innenarchitektur und der Ausstattung bis hin zur Außengestaltung deckt Tillberg Design das komplette Portfolio der Schiffsarchitektur ab. Reedereien wie Star, NCL, P&O, Disney Cruise Line, Cunard sowie American Hawaii gehören zu ihren Stammkunden.

»Mit unserer enormen Erfahrung in den verschiedenen Bereichen des Schiffsdesign entstehen harmonische Kompositionen. Es ist wichtig, sowohl von außen nach innen als auch von innen nach außen zu gestalten, um ein ganzheitliches Objekt zu kreieren«, betont Robert Tillberg seine Philosophie. Für ihn sind derzeit mehr als 60 Mitarbeiter tätig.

Eine Show, wie diejenige in London, sollte keineswegs konkrete Projekte zeigen, sondern Studien und Ideen zu Schiffen der Zukunft, um sie zur Diskussion zu stellen und damit ein Bild davon zu erhalten, welche Form gigantischer Zukunftsschiffe von Reedern und Passagieren akzeptiert werden könnte.

Sehr viel konkreter, was Ausmaße und Ausstattung seines FREEMDOMSHIP angeht, ist der US-Schiffbauingenieur Norman Nixon. Die von ihm projektierte schwimmende Stadt soll 1.350 Meter lang werden, 220 Meter breit und 100 Meter hoch.

40.000 Bewohner sollen auf dem Giganten leben, 15.000 Besatzungsmitglieder zu ihren Diensten stehen. Es wird ein Rückzugsgebiet für Menschen mit Geld: Ein 28 Quadratmeter großes Appartement ist zwar schon für 100.000 Dollar zu haben, für eine 474 Quadratmeter große Suite sind aber schon mehr als sieben Millionen US-Dollar fällig.

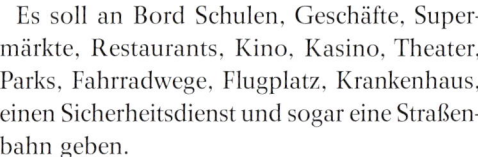

Es soll an Bord Schulen, Geschäfte, Supermärkte, Restaurants, Kino, Kasino, Theater, Parks, Fahrradwege, Flugplatz, Krankenhaus, einen Sicherheitsdienst und sogar eine Straßenbahn geben.

Einen Hafen wird dieses Schiff niemals anlaufen. Keiner der Erde wäre groß genug. Bewegt werden soll es mit einer großen Zahl von Pod-Antrieben unter seinem Schiffsboden. Für die Verbindung der Passagiere zu ihren Heimatländern sorgen Flugzeuge, die von einem Flugplatz auf dem Dach starten können. Gegen Piraten schützt eine 2.000 Personen starke Sicherheitstruppe.

Der Staat Honduras hat sich schon bereit erklärt, ein Gebiet an der Küste zur Verfügung zu stellen, auf dem das FREEMDOMSHIP aus Modulen zusammengesetzt werden kann. Es gibt auch ein Unternehmen mit dem Namen Freedomship International, das an die Börse gehen will. Wann aber mit dem Bau begonnen wird, das steht noch in den Sternen.

Noch gibt es solche gigantischen Schiffe nur auf den Entwurfsprogrammen von Schiffsdesignern. Die kleinen Abbildungen links zeigen die Entwürfe für das FREEDOMSHIP, das 1.350 Meter lang werden soll. Die großen Bilder sind Zukunftsentwürfe von Tillberg Design für eine gigantische Fähre und ein Kreuzfahrtmutterschiff, um das herum sich eine Reihe von wassersportlichen Aktivitäten entfaltet.

QUELLENNACHWEIS

Dudszus/Köpcke . . . . Das große Buch der Schiffstypen . . . . Augsburg 1995

Engel/Gielen/Thiel . . . . . . Die Königinnen der Meere . . . . Bielefeld 2008

Lächler/Wirz . . . . Die Schiffe der Völker . . . . Freiburg 1962

Melvin Maddocks . . . . Die großen Passagierschiffe . . . . Eltville 1992

Volker Plagemann . . . . Übersee . . . . München 1988

Hans Georg Prager . . . . . . Blohm + Voss . . . . Herford 1977

Wolf Schneider . . . . Mythos TITANIC . . . . Augsburg 1998

Nils Schwerdtner . . . . Die neuen Queens der Cunard Line . . . . . . Hamburg 2007

Rolf Temming . . . . Illustrierte Geschichte der Seefahrt . . . . . . Herrsching 1974

Robert Wall . . . . Die Goldene Zeit der Ozeanriesen . . . . . . Gütersloh 1977

Eigel Wiese . . . . Dampfschiffe . . . . Königswinter 2001

BILDNACHWEIS

S. 20 Cunard
S. 21 Cunard
S. 23 oben Cunard
S. 24/25 Cunard
S. 35 Cunard
S. 39 Cunard
S. 42 Cunard
S. 43 Cunard
S. 44 Internationales Maritimes Museum, Hamburg
S. 48 Internationales Maritimes Museum, Hamburg
S. 49 unten, Internationales Maritimes Museum, Hamburg
S. 52 unten, Kurt Wiese
S. 53 Internationales Maritimes Museum, Hamburg
S. 55 Internationales Maritimes Museum, Hamburg
S. 56 Internationales Maritimes Museum, Hamburg
S. 58 Internationales Maritimes Museum, Hamburg
S. 59 Internationales Maritimes Museum, Hamburg
S. 60 Internationales Maritimes Museum, Hamburg
S. 61 Internationales Maritimes Museum, Hamburg
S. 62 Internationales Maritimes Museum, Hamburg
S. 63 Internationales Maritimes Museum, Hamburg
S. 64 Internationales Maritimes Museum, Hamburg
S. 65 Internationales Maritimes Museum, Hamburg
S. 67 Internationales Maritimes Museum, Hamburg
S. 68 Internationales Maritimes Museum, Hamburg
S. 69 Internationales Maritimes Museum, Hamburg
S. 70 Internationales Maritimes Museum, Hamburg
S. 71 Internationales Maritimes Museum, Hamburg
S. 72 Internationales Maritimes Museum, Hamburg
S. 73 Internationales Maritimes Museum, Hamburg
S. 74 Internationales Maritimes Museum, Hamburg
S. 75 Internationales Maritimes Museum, Hamburg

S. 77 Internationales Maritimes Museum, Hamburg
S. 78 Internationales Maritimes Museum, Hamburg
S. 79 Internationales Maritimes Museum, Hamburg/
      Gemälde Albert Brenet
S. 80 Internationales Maritimes Museum, Hamburg
S. 81 Internationales Maritimes Museum, Hamburg
S. 82 Internationales Maritimes Museum, Hamburg
S. 83 Internationales Maritimes Museum, Hamburg
S. 84 Internationales Maritimes Museum, Hamburg
S. 85 Internationales Maritimes Museum, Hamburg
S. 87 Internationales Maritimes Museum, Hamburg
S. 88 Schiffsplakate, Repro-Copyright:
      Sammlung Helmut Cauer
S. 90 Sammlung Helmut Cauer
S. 91 Sammlung Helmut Cauer
S. 93 Sammlung Helmut Cauer
S. 94 Sammlung Helmut Cauer
S. 95 Sammlung Helmut Cauer
S. 119 rechts, Blohm + Voss
S. 121 Royal Caribbean
S. 124/125 Royal Caribbean
S. 129 Aker Werft, Turku
S. 130 Aker Werft, Turku
S. 131 Aker Werft, Turku
S. 132 Aker Werft, Turku
S. 133 Aker Werft, Turku
S. 136 links, Freedomship International
S. 136 rechts, Tillberg Design
S. 137 Tillberg Design

Alle übrigen Aufnahmen: Eigel Wiese und historische
Sammlung Eigel Wiese

SCHIFFSNAMENREGISTER

Wegen der hohen Bordwände moderner Kreuzfahrtschiffe können Arbeitsplattformen ausgeklappt werden, auf denen Besatzungsmitglieder beim An- und Ablegen stehen. Sie sind so den Kaikanten näher.

Der Poolbereich auf der FREEDOM OF THE SEAS ist als moderner Skulpturengarten gestaltet. Da wird sogar die Dusche zum Kunstwerk.

Weltreisen sind auf der FREEDOM OF THE SEAS auch dann möglich, wenn sie nur in der Karibik fährt. Dieser Eingang erinnert an eine ägyptische Tempelanlage.

Die Kapitänsmütze ist Symbol von herausragender Seemann-schaft, denn wer ein Schiff wie die QUEEN MARY 2 kommandiert, gehört zu den Besten seines Berufsstandes.

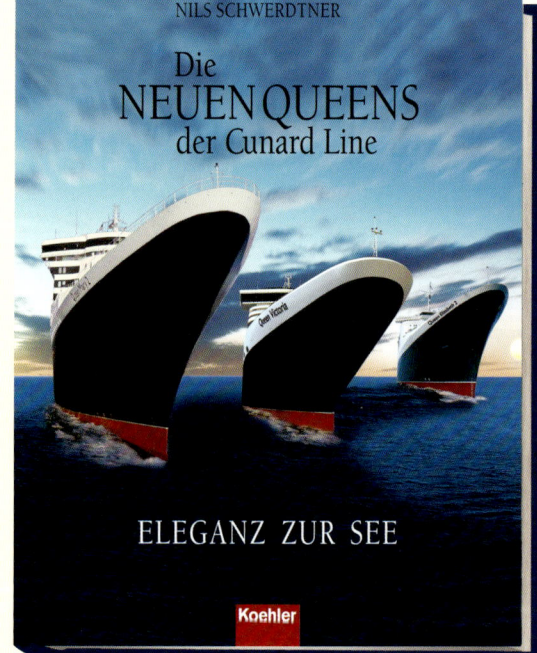